水利工程建设管理研究

王建设　吴艳民　鲁　军◎著

吉林科学技术出版社

图书在版编目（CIP）数据

水利工程建设管理研究 / 王建设，吴艳民，鲁军著
. -- 长春 : 吉林科学技术出版社，2022.9
ISBN 978-7-5578-9647-8

Ⅰ. ①水… Ⅱ. ①王… ②吴… ③鲁… Ⅲ. ①水利工程管理－研究 Ⅳ. ①TV6

中国版本图书馆 CIP 数据核字(2022)第 178486 号

水利工程建设管理研究

著 王建设 吴艳民 鲁 军
出 版 人 宛 霞
责任编辑 张伟泽
封面设计 金熙腾达
制 版 金熙腾达
幅面尺寸 185mm×260mm
开 本 16
字 数 300 千字
印 张 13.25
版 次 2022 年 9 月第 1 版
印 次 2023 年 3 月第 1 次印刷

出 版 吉林科学技术出版社
发 行 吉林科学技术出版社
地 址 长春市净月区福祉大路 5788 号
邮 编 130118
发行部电话/传真 0431-81629529 81629530 81629531
81629532 81629533 81629534
储运部电话 0431-86059116
编辑部电话 0431-81629518
印 刷 三河市嵩川印刷有限公司

书 号 ISBN 978-7-5578-9647-8
定 价 80.00 元

前　言

水利工程施工是按照设计提出的工程结构、数量、质量、进度及造价等要求修建水利工程的工作。水利工程的运用、操作、维修和保护工作，是水利工程管理的重要组成部分，水利工程建成后，必须通过有效地管理，才能实现预期的效果和验证原来规划、设计的正确性；工程管理的基本任务是保持工程建筑物和设备的完整、安全，使其处于良好的技术状况；正确运用水利工程设备，以控制、调节、分配、使用水资源，充分发挥其防洪、灌溉、供水、排水、发电、航运、环境保护等效益。做好水利工程的建设管理是发挥工程功能的鸟之两翼、车之双轮。

近年来，国家加大水利基础设施建设力度，投资兴建了大量的水利水电工程，水利工程正处于快速发展时期。随着建筑市场管理力度的加强、先进技术的推广和应用，工程建设管理水平有了很大的提高。随着我国建筑业管理体制改革的不断深化，以工程建设管理为核心的中国水利水电建设施工企业的经营管理体制发生了很大的变化，这就要求企业必须对施工进行规范、科学的管理。本书是以水利工程建设管理为研究对象，为实现其特定的建设目标，在建设周期内对有限的资源进行计划、组织、协调、控制的系统管理活动的学术专著，以水利工程设计、施工、管理的建设过程为基准，对水利工程规划设计与项目管理进行了系统的研究，对细节进行了剖析，具有一定的创新和前沿研究价值，在水利工程建设管理与水经济发展方面具有很好的借鉴价值。

在本书的撰写过程中，收到了很多宝贵的建议，谨在此表示感谢。同时作者参阅了大量的相关著作和文献，在参考文献中未能一一列出，在此向相关著作和文献的作者表示诚挚的感谢和敬意，同时也请对撰写工作中的不周之处予以谅解。由于作者水平有限、编写时间仓促，书中难免会有疏漏和不妥之处，恳请专家、同行不吝批评指正。

目录

第一章　水利工程建设管理概述

第一节　水资源与水利工程

一、水资源

（一）水资源的概念

水是人类赖以生存和发展的基本物质之一，也是人类繁衍生息不可替代和缺少的、既有限又宝贵的自然资源。

关于水资源的概念，国内外的有关文献和著述中有多种提法。对水资源的概念及其内涵具有不尽一致的认识与理解的主要原因在于水资源是一个既简单又复杂的概念。它的复杂表现在：水的类型繁多，具有运动性，各种类型的水体具有相互转化的特性；水的用途广泛，不同的用途对水量和水质具有不同的要求；水资源所包含的“量”和“质”在一定条件下是可以改变的；更重要的是，水资源的开发利用还受到经济技术条件、社会条件和环境条件的制约。正因为如此，从不同的侧面认识水资源，造成对“水资源”一词理解的不一致性及认识的差异性。

因此，水资源可以理解为人类长期生存、生活和生产过程中所需要的各种水，既包括它的数量和质量，又包括它的使用价值和经济价值。一般认为，水资源概念具有广义和狭义之分。

广义的水资源包括地球上的一切水体及水的其他存在形式，如海洋、河流、湖泊、地下水、土壤水、冰川、大气水等。

狭义的水资源是指人类在一定的经济技术条件下能直接使用的可更新的淡水资源。

（二）水资源的类型

地球外侧空间部分赋存着较为丰富的水资源，依据相对空间位置，水资源的类型可分为三大类：一是蕴含在大气（俗称空气）中的水，简称大气水；二是地球陆地表面暴露出来的水体，称为地表水；三是赋存在包气带以下岩土空隙介质中的水，叫地下水。

1. 大气水

大气水是包含在大气中的水汽及其派生的液态和固态水。常见的天气、气候现象如云、雾、雨、雪、霜等都是大气水的存在形式。从天空的云中降落到地面上的液态水或固态水，如雨、雪，雹等，统称降水。降水的条件是在一定温度下，当空气不能容纳更多的水汽时，就成了饱和空气。空气饱和时如果气温降低，空气中容纳不下的水汽就会附着在空气中以尘埃为主的凝结核上，形成微小水滴——云、雾。云中的小水滴互相碰撞合并，体积就会逐渐变大，成为雨、雪、冰雹等降落到地面。

2. 地表水

地表水有广义和狭义之分。

广义的地表水指地球表面的一切水体，包括海洋、江河、湖泊、冰川、沼泽以及地下一定深度的水体，生物水和大气水不属于地表水。

狭义的地表水专指地球陆地表面暴露出来的水体，用以和地下水相区别，指河流、冰川，湖泊和沼泽四种水体，不包括海洋。事实上，狭义的地表水与地下水很难严格分开，一部分地表水能够渗透形成地下水，同样，地下水也能够进入河湖和沼泽，成为地表水。

3. 地下水

地下水是赋存于包气带以下岩土空隙，包括岩土孔隙、裂隙和溶隙（洞）之中的水。如果只考虑水资源对人类的可利用性和有效性，地下水资源就不包括土壤水或生态水，土壤水通常是指赋存在土壤包气带中的水，又称包气带水。包气带土层中没有全部充满液态水，而是有大量气水流动。包气带土层中上部主要是气态水和结合水，下部接近饱和带处充满毛细管水。而生态水通常指岩土空隙中为植物生长所需的水，原则上这部分水需要保证植物生存，是不能被人类利用的。而地下水中真正能被人类利用的是地下水面以下扣除植被所需的那部分自由重力水。

地下水是水资源的重要组成部分，由于水量稳定、水质好，是农业灌溉、工矿和城市的重要水源之一。但在一定条件下，地下水的变化也会引起沼泽化、盐渍化、滑坡、地面沉降等环境问题。

（三）水资源的属性

水是自然界最重要的物质组成之一，是环境中最活跃的要素，能以固、液、气的形态存在且能相互转化。它不停地运动着，积极参与自然环境中一系列物理的、化学的和生物的过程，具有非常好的自然物理化学属性。水资源作为自然的产物，具有天然水的特征和运动规律，表现出自然本质，即自然特性；同时，水作为一种资源，在开发利用过程中与社会、经济、社会技术产生联系，表现出社会特征，即社会特性。

1. 水资源的自然特性

水资源的自然特性，可以概括为系统性、流动性、可恢复性和不均匀性。

（1）水资源的系统性

无论是地表水还是地下水，水由上游到下游穿流各处，都是在一定的系统内循环运动着。在一定地质、水文地质条件下，形成一个有机循环的水资源系统。水系统内部是不可分割的统一整体，水力联系密切。水资源无论是水量还是水质，无论防洪还是兴利，各地区和各部门之间互相影响形成了极为错综复杂的关系，于是有了“水资源系统”“水利系统”等名词。人类经历了以单个水井为评价单元到含水层组为评价单元，再到含水系统整体评价的历史发展过程，把具有密切水力联系的水资源系统，人为地分割成相互独立的含水层或单元，分别进行水量、水质评价，是导致水质恶化、水量枯竭、水环境质量日趋下降的重要原因。

（2）水资源的流动性

水资源与其他固体资源的本质区别在于其具有流动性，它是在循环中形成的一种动态资源。无论是地表水资源还是地下水资源，都是流动水体。水通过蒸发、水汽输送、降水、径流等水文过程，相互转化，形成一个庞大的动态系统，因此水资源的数量和质量具有动态的性质。当外界条件发生变化时，其数量和质量也会变化。例如，当河流的上游取水量增大时，下游的水量就会减小；上游水质污染会影响到下游等。

（3）水资源的可恢复性

水资源的可恢复性又被称为再生性。地表水中的地下水处于流动状态，在接受补给时，水资源量相对增加；在进行排泄时，水资源量相对减少。在一定条件下，这种补排关系大体平衡，水资源可以重复使用，具有可恢复性。这一特性与其他资源具有本质区别。地下水量的恢复程度随条件而有所不同，有时可以完全恢复，有时却只能部分恢复，这主要取决于水资源系统恢复更新的能力。

地下水的平均更新周期为1400年，各类含水层中的地下水更新周期与含水层的规模大小以及水循环的快慢有关，可以为数十年、数百年或数千年。因此，地下水的循环速度比地表水要慢得多，更新周期也比地表水长。但在人类活动的影响下，这种情况会发生变化，如煤矿生产中长时间大量疏排地下水等，当输出量远大于输入量时，地下水资源就会越来越少。

在地表水、地下水开发利用过程中，如果系统排出的水量很大，超出系统的补给恢复能力，势必会造成地下水位下降，引起地面沉降、地面塌陷，海水倒灌等水文地质问题，水资源就不可能得到完全恢复。

（4）水资源分布的不均匀性

地球上的水资源总量是有限的，在自然界中具有一定的时间、空间分布。不同的大洲、不同的流域，水资源时空分布可能千差万别；同一流域，不同的地区水资源条件也常有不同。时空分布的不均匀性是水资源的又一特性，也决定了进行水资源评价、规划与管理时要注意水资源自然条件的地区性特点。

2. 水资源的社会特性

水资源的社会特性主要指水资源在开发利用过程中表现出的商品性、不可替代性和环境特性等。

（1）水资源的商品性

水资源一旦被人类开发利用，就成为商品，从水源地送到用户生活中。由于水的用途十分广泛，涉及工业、农业、日常生活等国民经济的各个方面，在社会生产和生活过程中流通广泛，是其他任何商品都无法比拟的。与其他商品一样，水资源的价值也遵循市场经济的价值规律，其价格也受到各种因素的影响。

（2）水资源的不可替代性

水资源是一种特殊的商品。其他物质或许可以有替代品，而水则是人类生存和发展必不可少的物质。水资源的短缺将制约社会经济的发展和人民生活水平的提高。

（3）水资源的环境特性

水资源的环境特性表现在两个方面：一方面是水资源的开发利用对社会经济的影响，这种影响有时是决定因素。在缺水地区，工农业生产结构及经济发展模式都直接或间接地受到水资源数量、质量和时空分布的影响，水资源的短缺是制约经济发展的主要因素之一；另一方面水作为自然环境要素和重要的地质营力，水的运动维持着生态系统的相对稳定以及水、土、岩石之间的力学平衡。水资源一旦被开发，这些稳定和平衡有可能被破坏，产生一系列环境效应。例如，拦河造坝，会使下游泥沙淤积、河道干涸，同时可使上游地下水位上升，引起沼泽化；过度开采地下水，会导致地面沉降、地面塌陷、海水入侵等问题。水资源开发利用与环境保护常常是相互矛盾的，一般来说，水资源的开发利用总会不同程度地改变原有的自然环境，打破原有的平衡。因此，应该寻找水资源开发与环境保护两者协调、和谐发展的途径，科学合理地开发水资源，尽可能减轻或延缓负环境效应，走可持续发展的道路。

（4）水利和水害的两重性

水资源与其他固体矿产资源相比，最大的区别在于水资源具有既可造福于人类又可危害人类生存的两重性。如江河既能为国民经济建设服务，也会带来洪水、旱涝等灾害。矿山周边的水资源既可以为生产提供水源，但在一定条件下，也可能给矿井带来各种水害，严重的会导致矿井突水，造成淹井事故。

（5）综合利用性

水资源是被人类生产和生活广泛利用的资源，不仅广泛应用于农业、工业和生活，还用于发电、水运、水产、旅游和环境改造等。这些国民经济部门利用水的方式是不同的，可分为耗水和用水两种，而且各种用途的水对水质的要求也不相同。在实际用水中，经常是“一库多用”和“一水多效”，最大限度地发挥水资源的生态环境效益或经济效益。

（四）水资源开发和利用

水资源开发利用是改造自然、利用自然的一个方面，其目的是发展社会经济。最初开发利用目标比较单一，以需定供。随着工农业不断发展，逐渐变为多目的、综合、以供定用、有计划有控制地开发利用。当前各国都强调在开发利用水资源时，必须考虑经济效益、社会效益和环境效益三个方面。

水资源开发利用的内容很广，诸如农业灌溉、工业用水、生活用水、水能、航运、港口运输、淡水养殖、城市建设、旅游等。但是在对水资源的开发利用中，仍然有一些亟待解决的问题。例如，大流域调水是否会导致严重的生态失调？森林对水资源的作用到底有多大？大量利用南极冰会不会导致世界未来气候发生重大变化？此外，全球气候变化和冰川进退对未来水资源有什么影响？这些都是今后有待探索的一系列问题。它们对未来人类合理开发利用水资源具有深远的意义。

二、水利工程

水利工程是用于控制和调配自然界的地表水和地下水，从而达到除害兴利的目的而修建的工程，也称水工程。水是人类生产和生活必不可少的宝贵资源，但其自然存在的状态并不完全符合人类的需要。只有修建水利工程，才能控制水流，防止洪涝灾害，并进行水量的调节和分配，以满足人民生活和生产对水资源的需要。水利工程需要修建坝、堤、溢洪道、水闸、进水口、渠道、渡槽、筏道、鱼道等不同类型的水工建筑物，以实现其目标。

（一）分类

水利工程按目的或服务对象可分为：防止洪水灾害的防洪工程；防止旱、涝、渍灾害等为农业生产服务的农田水利工程（或称灌溉和排水工程）；将水能转化为电能的水力发电工程；改善和创建航运条件的航道和港口工程；为工业和生活用水服务并处理和排除污水、雨水的城镇供水和排水工程；防止水土流失和水质污染，维护生态平衡的水土保持工程和环境水利工程；保护和增进渔业生产的渔业水利工程；围海造田，满足工农业生产或交通运输需要的海涂围垦工程等。一项水利工程同时为防洪、灌溉、发电、航运等多种目标服务的，称为综合利用水利工程。

蓄水工程，指水库和塘坝（不包括专为引水、提水工程修建的调节水库），按大、中、小型水库和塘坝分别统计。

引水工程，指从河道、湖泊等地表水体自流引水的工程（不包括从蓄水、提水工程中引水的工程），按大、中、小型规模分别统计。

提水工程，指利用扬水泵站从河道、湖泊等地表水体提水的工程（不包括从蓄水、引水工程中提水的工程），按大、中、小型规模分别统计。

调水工程，指水资源一级区或独立流域之间的跨流域调水工程，蓄、引、提工程中均不包括调水工程的配套工程。

地下水源工程，指利用地下水的水井工程，按浅层地下水和深层承压水分别统计。

（二）组成

无论是治理水害还是开发水利，都需要通过一定数量的水工建筑物来实现。按照功用，水工建筑物大体分为三类：挡水建筑物、泄水建筑物以及专门水工建筑物。由若干座水工建筑物组成的集合体称水利枢纽。

1. 挡水建筑物

挡水建筑物是阻挡或拦束水流、壅高或调节上游水位的建筑物，一般横跨河道的称为坝，沿水流方向在河道两侧修筑的称为堤。坝是形成水库的关键性工程。近代修建的坝，大多数采用当地土石料填筑的土石坝或用混凝土灌注的重力坝，它依靠坝体自身的重量维持稳定。当河谷狭窄时，可采用平面上呈弧线的拱坝。在缺乏足够的筑坝材料时，可采用钢筋混凝土的轻型坝（俗称支墩坝），但它抵抗地震作用的能力和耐久性都较差。砌石坝是一种古老的坝，不易机械化施工，主要用于中小型工程。大坝设计中要解决的主要问题是坝体抵抗滑动或倾覆失稳、防止坝体自身的破裂和渗漏。土石坝或砂、土地基，在防止渗流引起的土颗粒移动破坏（“管涌”和“流土”）中占有更重要的地位。在地震区建坝时，还要注意坝体或地基中浸水饱和的无黏性砂料在地震时发生强度突然消失而引起滑动的可能性，即“液化现象”。

2. 泄水建筑物

泄水建筑物是能从水库安全可靠地放泄多余或需要水量的建筑物。历史上曾有不少土石坝，因洪水超过水库容量而漫顶造成溃坝。为保证土石坝的安全，必须在水利枢纽中设河岸溢洪道，一旦水库水位超过规定水位，多余水量将经由溢洪道泄出。混凝土坝有较强的抗冲刷能力，可利用坝体过水泄洪，称溢流坝。修建泄水建筑物，关键是要解决消能、防蚀和抗磨问题。泄出的水流一般具有较大的动能和冲刷力，为保证下游安全，常利用水流内部的撞击和摩擦消除能量，如水跃或挑流消能等。当流速大于每秒10~15米时，泄水建筑物中行水部分的某些不规则地段可能出现空蚀破坏，即由高速水流在邻近边壁处出现的真空穴所造成的破坏。防止空蚀的主要方法是尽量采用流线型设计，提高压力或降低流速，采用高强材料以及向局部地区通气等。多泥沙河流或当水中夹带石渣时，还必须解决抵抗磨损的问题。

3. 专门水工建筑物

除上述两类常见的一般性建筑物外，还有为某一专门目的或为完成某一特定任务所设的水工建筑物。渠道是输水建筑物，多数用于灌溉和引水工程。当遇高山挡路时，可盘山绕行或开凿输水隧洞穿过；如与河、沟相交，则须设渡槽或倒虹吸；此外还有同桥梁、涵洞等交叉的建筑物。水力发电站枢纽按其厂房位置和引水方式有河床式、坝后式、引水道式和地下式等。水电站建筑物主要有集中水位落差的引水系统、防止突然停车时产生过大水击压力的调压系统、水电站厂房以及尾水系统等。通过水电站建筑物的水流速一般较小，但这些建筑物往往承受着较大的水压力，因此，许多部位要用钢结构。水库建成后大坝会阻拦船只、木筏、竹筏以及鱼类洄游等的原有通路，对航运和养殖的影响较大。因此，应专门修建过船、过筏、过鱼的船闸、筏道和鱼道。这些建筑物具有较强的地方性，在修建前要做专门研究。

（三）特点

1. 很强的系统性和综合性

单项水利工程是同一流域、同一地区内各项水利工程的有机组成部分，这些工程既相辅相成，又相互制约；单项水利工程自身往往是综合性的，各服务目标之间既紧密联系，又相互矛盾。水利工程和国民经济的其他部门也是紧密相关的。规划设计水利工程必须从全局出发，系统地、综合地进行分析研究，才能得到最经济合理的优化方案。

2. 对环境有很大影响

水利工程不仅通过其建设任务对所在地区的经济和社会产生影响，而且对江河、湖泊以及附近地区的自然面貌、生态环境、自然景观，甚至是区域气候，都将产生不同程度的影响。这种影响有利有弊，规划设计时必须对这种影响进行充分估算，努力发挥水利工程的积极作用，消除其消极影响。

3. 工作条件复杂

水利工程中各种水工建筑物都是在难以确切把握的气象、水文、地质等自然条件下进行施工和运行的，它们又多承受水的推力、浮力、渗透力、冲刷力等的作用，工作条件较其他建筑物更为复杂。

4. 效益具有随机性

水利工程的效益具有随机性，根据每年水文状况不同而效益不同，农田水利工程还与气象条件的变化有密切联系。

5. 要按照基本建设程序和有关标准进行

水利工程一般规模大、技术复杂、工期较长、投资多，兴建时必须按照基本建设程序和有关标准进行。

三、水利水电工程

（一）水利水电工程简介

水利水电工程按工程作用分为水利工程和水电工程，通常由挡水建筑物、泄水建筑物、水电站建筑物、取水建筑物和通航建筑物构成，较为常见的水利枢纽是以发电为主，同时具有灌溉、供水、通航的功能，实际可以按照具体工程的特性，选取以上几种或全部水工建筑物构成水利枢纽。

水力发电是通过人工的方式升高水位或将水从高处引到低处，从而借助水流的动力带动发电机发电，再通过电网进入千家万户。水力发电具有可再生、污染小、费用低等特点，同时可以起到改善河流通航、控制洪水、提供灌溉等作用，促进当地经济快速发展。

（二）水利水电工程施工特点

水利水电工程项目自身的施工特点决定了其建设方法有别于一般的工程项目施工，具体的施工特点包括以下几个方面：

（1）水利水电工程项目大部分都是在远离城市的偏远山区，交通十分不便，且离工厂较远，造成施工材料、机械设备的采购难度较大，成本增加。所以，对于施工中的基础原材料，如砂石料、水泥等通常采用在工程项目施工的当地建厂生产的方法。

（2）在水利水电工程建设过程中，涉及危险作业很多，例如爆破开挖、高处作业、洞室开挖、水下作业等，存在的安全隐患很大。

（3）水利水电工程的建设选址一般在水利资源比较丰富的地方，通常是山谷河流之中，这样施工就会容易受到地质、地形、气象、水文等自然因素的影响。在工程建设的过程中主要需要控制的因素包括施工导流、围堰填筑和主体结构施工。

（4）通常水利水电工程项目的工程量大、环境因素强、技术种类多、劳动强度大，因此，在施工参与人员、设备、选材等方面都要求具备较高的专项性，施工方案也应该在施工的过程中不断地修改与完善。

第二节　水利水电工程建设成就与发展

一、中国水利水电市场的现状与市场前景

（一）水电市场的现状

中国在努力实现“大国崛起”的梦想，经济的快速发展成为全民生产的活动主流；与此同时，随着能源的极大需求和消耗，中国将在相当长的时期内处于资源高度消耗的阶

段，14亿人口的国家进入工业化发展阶段，良性发展、可持续发展将对能源的需求更加迫切。石油、煤炭、核能、天然气、水电、风电、太阳能等形式的能源都将影响经济的发展。

中国能源结构中具有可持续发展的水资源的开发和利用对中国能源安全起到举足轻重的作用。煤炭在我国能源供给结构中处于主导地位，约占目前一次能源供给的3/4。我国的水力资源较为丰富，可开发水力资源约占世界总量的15%。以人均水平计算，我国人均水力资源约为世界平均值的70%，远高于石油、天然气的相应比值，我国水力资源理论蕴藏量、技术开发装机容量、经济可开发装机容量均居世界首位。然而，我国水力资源的开发程度却较低。

我们在水电开发中特别强调环境生态保护，利用各种措施将开发中的不利影响降至最低，我们要看到水电对生态的积极影响，调蓄洪水、水量平衡调动、改善鱼类生存环境、调整区域气候、发展水产品养殖，特别是水电开发带来的客观的经济效益，可以长久地为推动地方经济发展提供财力保证。所以，合理有效地开发水电，优先、积极地发展水电是国家能源发展的战略。我国水电开发的步伐不是快了，而是太慢了，在电力开发顺序上，水电开发的位置应该再向前一些，态度要更加积极，逐渐地形成在水电资源可利用的条件下，用水电取代火电，水电在储量、技术成熟度、开发运营成本等多方面都优于火电，水电开发完全具备可持续发展的竞争优势。

（二）水电市场的前景

在电力长期短缺的压力下，中国自20世纪80年代以来开始了电力市场化改革，打破了传统体制下的“独家垄断”的局面，引入了新的投资和经营主体，基本扭转了国家电力投资和运营的模式，取得了可喜的成绩。

水电是技术成熟、出力相对稳定的可再生能源，在可靠性、经济性和灵活性方面具有显著优势，需要放在优先开发的战略位置上。水电要坚持绿色和谐开发，以大型基地为重点，大中小相结合，推进流域梯级综合开发；重视水电消纳市场研究，扩大水电资源配置范围；加快抽水蓄能电站发展，提高电力系统运行的经济性和灵活性，促进可再生能源发电的合理消纳。

水电开发要着力解决统一认识难、统筹协调难、前期核准难、成本控制难、移民安置难“五难”问题。一是建议组建国家级水电开发委员会，加强统一规划和统筹协调调管理力度。二是完善项目前期管理。三是创新移民安置管理制定出台移民安置管理办法，增加移民安置方式，调动地方政府积极性。四是建立水电开发环境影响全过程管理机制，加强投运后的环境实际影响监管，并将结果向社会公布。五是促进更大范围消纳水电，推广水电丰枯电价、峰谷电价。

发展水电、核电与发展风电、太阳能发电相比，两者在绿色低碳（环境品质）上大致相同；在发电成本或上网电价（经济品质）上，前者明显优于后者；在电力负荷平衡中的发电装机容量利用率（容量品质）上，前者也明显优于后者。同时，当前电力供需总体宽松、利用小时数处于历史低位，但是未来5~10年发电装机需求仍有较大的发展空间，而水电和核电的建设周期为5年左右甚至更长。所以，优先发展水电和核电，既能够拉动经济发展，又能够有效规避当前供需宽松的困局，还能够确保电力结构绿色转型和保障电力中长期安全经济供应。

（三）水利水电工程开发的争议

水利水电开发在学术界和行业内外确实存在正反两方面的争议，这个争议直接影响到水电市场的开发决策。争论的焦点集中在环境生态问题和移民问题上。

1. 生态问题

负面观点认为建筑水坝会阻断鱼类活动，淹没陆地植被，造成濒危鱼类、陆生植物和动物的灭绝。正面观点认为建筑水坝能够更好地形成新的、良好的生态环境，形成大面积生态湿地，为野生动物、植物、鱼类创造更好的生存环境。濒危物种需要保护，但不能无限夸大濒危物种的价值，在建水库前的历史长河中，成千上万的野生物种灭绝不是因为建水库造成的。

2. 环境问题

负面观点认为建筑水坝会阻断天然河道，改变泥沙运行规律，形成泥沙淤积；大坝截流使动态水流变为静态水体，富氧和扩散能力下降，加重水体污染；水库建成后会淹没流域植被、土地和文物。正面观点认为通过综合治理、技术措施和手段，完全可以实现减少泥沙淤积（如排洪冲沙、上游退耕还林等）；水库的库容量远远小于河道年径流，水体不但不会静止，还会为下游提供优质水源；任何一项基础建设都有正反两面，一味强调负面影响的观念是片面的，长期的国家能源安全问题是我们经济发展的重大问题。

3. 移民问题

负面观点认为水库建设会导致移民生活水平下降，主要是移民费用低、劳动技能丧失；移民工作复杂难做，会造成社会稳定问题。正面观点认为水电建设确实会产生大量的移民，但是不能只看到良田被淹，要看到移民的好处，比如：雅砻江流域的移民中很多人在移民前的生活条件极度恶劣，不通公路、不通电话、不通电视，不能享受公共服务，医疗、教育无法保证，世代感受不到改革成果；移民后将为他们带来全新的生活；只要我们政策到位、执行政策的尺度到位、工作到位，就业、社会稳定问题是完全可以解决的，因为我们的宗旨是“为人民服务”。

二、中国水利水电建设成就

自新中国成立以来，河流开发坚持综合利用、开发与保护并重的原则，水资源和水能资源的开发利用成就巨大，建成了一批大、中、小型相互配套的水利水电工程，这些工程在发电、防洪、航运、供水、灌溉、水产养殖、改善环境、发展旅游等方面都产生了巨大的社会效益、经济效益和环境效益，在国民经济建设和社会发展中发挥了极其重要的作用。

水利水电工程建设，推动了水利水电相关专业——规划、勘察、设计、施工、制造、设备安装以及科学技术的发展。在吸取世界各国先进技术、总结实践经验的基础上，形成了中国特色的水利水电工程科学技术体系。三峡、二滩、小浪底、水布垭、龙滩、拉西瓦、洪家渡、瀑布沟等大型水电工程和高坝的成功建设，标志着中国水利水电建设技术已经达到世界先进水平。

三、21 世纪水利水电工程建设展望

修建水利水电工程能够在认识自然规律的基础上，借助自然条件和工程技术更好地开发水资源和水能资源，起到防洪抗旱、改善人类生存环境和生存条件的作用。水利水电工程对河流洪水径流的调控作用以及在人类经济社会发展中的重要功能不言而喻，而水库大坝也存在一些负面的影响和作用。最明显的是对河流生态环境的深层次影响，这就需要进行深入研究，运用先进的科学技术和方法，通过水库优化管理和调度，实现人与自然的和谐相处，并化解用水区域之间的矛盾：既能使水库大坝最大限度地造福人类，又能最大限度地减轻不利影响。因此，水库大坝建设是解决水资源问题和当前可再生能源发展问题的必然选择。

中国地理位置的特殊性、地形地貌的复杂性、气候条件的季风性以及人多地少的矛盾，使得水资源和水能资源开发利用难度较大，加之经济社会快速发展和生态环境建设对资源开发的要求愈来愈高，水利水电工程建设面临诸多问题和挑战。与世界上许多自然条

件较优越的国家相比，中国水资源问题和水电开发的困难更为突出。因此，必须在转变经济发展方式、实行节地节水节能工作的基础上，科学规划、深入研究论证、合理开发和保护利用水资源及水能资源，不断提高资源利用效率和效益，实现水库大坝与经济社会和谐发展，以水资源和水能资源的可持续利用支撑经济社会的可持续发展。

为实现水资源可持续利用，保障国家水资源安全，促进水资源合理配置，总体要求为：

第一，严格用水总量控制，抑制对水资源的过度消耗。

第二，严格用水定额管理，提高用水效率和效益。

第三，加强生态环境保护，实现水资源可持续利用。

第四，合理调配水资源，提高区域水资源承载能力。

第五，完善供水安全保障体系，保障经济社会又好又快发展。

第六，实行最严格的水资源管理制度，全面提升社会管理能力。

水利建设的重点任务是，在巩固提高中东部地区防洪和供水能力的同时，加强西部水利建设，兴建环境保护和控制性水利枢纽工程，改善西部地区生态环境和民众的生活生产条件。为优化水资源配置，采取东西互补、南北互济、以丰补枯，多途径缓解北部地区水资源紧缺的矛盾，继续做好“南水北调”和“北水南调”的工程建设，争取尽快投入运行。建设必要的大中型骨干水库调蓄工程，增强对天然径流的调控能力。通过提高水资源配置与调控能力，改善重点地区、重点河段、重要城市及粮食生产基地的水源条件，提高供水安全保障程度，满足经济社会发展和生态环境保护对水资源的合理需求。构造以“南水北调”和“北水南调”为骨干，点、线、面结合的综合治理与开发利用体系，基本解决我国洪涝灾害、水资源不足和水环境恶化问题。

第三节　水利水电工程建设程序

一、建设程序

建设程序可分为常规程序与非常规程序两大类。常规的建设程序已流行百余年，其间虽有变化，但其基本模式没变。它以业主→建筑师→承包商的三边关系为基础，基本的程序是：设计→发包→营造。非常规建设程序是以业主→建筑师→承包商的三边关系为基础，但设计与施工可以适当交叉。

基本建设程序是建设项目从设想、选择、评估、决策、设计、施工到竣工验收、投入使用整个建设过程中，各项工作必须遵守的先后次序的法则。按照建设项目发展的内在联系和发展过程，建设程序分成若干阶段，它们各有不同的工作内容，有机地联系在一起，有着客观的先后顺序，不可违反，必须共同遵守，这是因为它科学地总结了建设工作的实践经验，反映了建设工作所固有的客观自然规律和经济规律，是建设项目科学决策和顺利进行的重要保证。

按照我国目前对基本建设项目的管理规定，大中型项目由国家发改委审批，小型及一般地方项目由地方发改委审批。随着投资体制的改革和市场经济的发展，国家对基本建设程序的审批权限几经调整，但建设程序始终未变，我国现行的基本建设程序分为立项、可行性研究、初步设计、开工建设和竣工验收。基本建设程序始终是国家对建设项目管理的一项重要内容，进一步加强建设项目管理，要严格执行国家关于基本建设项目审批的各项规定。任何单位和个人都不得越权审批项目，也不得降低标准批准项目。按照规定，须报国务院审批的项目，必须报国务院审批；须报国家发改委审批的项目，必须报国家计委审批。对前期工作达不到深度要求的项目，一律不予审批。

按照国家有关规定，基本建设项目的立项、可行性研究、初步设计、开工建设、竣工验收等审批管理职能，由市发改委统一管理。基本建设项目的项目建议书、可行性研究报告、初步设计等，均由项目建设单位委托有资质的单位按国家规定深度编制和上报，开工报告、竣工验收报告等由项目建设单位负责编写上报。市环保、消防、规划、供电、供水、防汛、人防、劳动、电信、防疫、金融等各有关部门和单位按各自的管理职能参与项目各程序的工作，并从行业的角度提出审查意见，但不具备对项目审批的综合职能。市发改委在审批项目时应尊重和听取有关管理部门的审查意见。

现将国家规定的基本建设五道程序流程及内容、审批权限分述如下：

（一）立项

项目建议书是对拟建项目的一个轮廓设想，主要作用是为了说明项目建设的必要性、条件的可行性和获利的可能性。对项目建议书的审批即为立项。根据国民经济中长期发展规划和产业政策，由审批部门确定是否立项，并据此开展可行性研究工作。

1. 项目建议书主要内容

（1）建设项目提出的必要性和依据。

（2）产品方案、拟建规模和建设地点的初步设想。

（3）资源情况、建设条件、协作关系等的初步分析。

（4）投资估算和资金筹措设想。

（5）经济效益和社会效益初步估算。

2. 立项审批部门和权限

（1）大中型基本建设项目，由市发改委报省发改委转报国家发改委审批立项。

（2）总投资3000万元以上的非大中型及一般地方项目，须国家、市投资，银行贷款和市平衡外部条件的项目，由发改委审批立项。

（3）总投资3000万元以下，符合产业政策和行业发展规划的，能自筹资金，能自行平衡外部条件的项目，由区县发改委或企业自行立项，报市发改委备案。

（二）可行性研究

可行性研究的主要作用是对项目在技术上是否可行和经济上是否合理进行科学的分析、研究。在评估论证的基础上，由审批部门对项目进行审批。经批准的可行性研究报告是进行初步设计的依据。

1. 可行性研究报告的内容

（1）项目的背景和依据。

（2）建设规模、产品方案、市场预测和确定依据。

（3）技术工艺、主要设备和建设标准。

（4）资源、原料、动力、运输、供水等配套条件。

（5）建设地点、厂区布置方案、占地面积。

（6）项目设计方案及其协作配套条件。

（7）环保、规划、抗震、防洪等方面的要求和措施。

（8）建设工期和实施进度。

（9）投资估算和资金筹措方案。

（10）经济评价和社会效益分析。

（11）研究并提出项目法人的组建方案。

2. 可行性研究报告审批部门和权限

（1）大中型基本建设项目，由发改委报省发改委转报国家发改委审批。

（2）市发改委立项的项目由市发改委审批。

（3）区县和企业自行立项的项目由区县和企业审批。

（三）初步设计审批

初步设计的主要作用是根据批准的可行性研究报告和必要准确的设计基础资料，对设计对象所进行的通盘研究、概略计算和总体安排，目的是阐明在指定的地点、时间和投资内，拟建工程技术上的可能性和经济上的合理性。初步设计需要审批或上报国家。环保、消防、规划、供电、供水、防汛、人防、劳动、电信、卫生防疫、金融等有关部门按各自管理职能参与项目初步设计审查，从专业角度提出审查意见。初步设计经批准，项目即进入实质性阶段，可以开展工程施工图设计和开工前的各项准备工作。

1. 各类项目的初步设计内容

（1）设计依据和指导思想。

（2）建设地址、占地面积、自然和地质条件。

（3）建设规模及产品方案、标准。

（4）资源、原料、动力、运输、供水等用量和来源。

（5）工艺流程、主要设备选型及配置。

（6）总图运输、交通组织设计。

（7）主要建筑物的建筑、结构设计。

（8）公用工程、辅助工程设计。

（9）环境保护及“三废”治理。

（10）消防。

（11）工业卫生及职业安全。

（12）抗震和人防措施。

（13）生产组织和劳动定员。

（14）施工组织及建设工期。

（15）总概算和技术经济指标。

2. 初步设计审批部门和权限

（1）大中型基本建设项目，由市发改委报省发改委转报国家计委审批。

（2）市发改委立项的项目由市发改委审批初步设计。

（3）区县和企业自行立项的项目由区县和企业审批。

（四）开工审批

建设项目具备开工条件后，可以申报开工，经批准开工建设，即进入建设实施阶段。项目新开工的时间是指建设项目的任何一项永久性工程第一次破土开槽开始施工的日期。不需要开槽的工程，以建筑物的正式打桩作为正式开工。招标投标只是项目开工建设前必须完成的一项具体工作，而不是基本建设程序的一个阶段。

1. 项目开工必须具备的条件

（1）项目法人已确定。

（2）初步设计及总概算已经批准。

（3）项目建设资金（含资本金）已经落实并经审计部门认可。

（4）主体施工单位已经招标选定。

（5）主体工程施工图纸至少可满足连续三个月施工的需要。

（6）施工场地实现“四通一平”（供电、供水、道路、通信、场地平整）。

（7）施工监理单位已经招标选定。

2. 开工审批部门和权限

（1）大中型基本建设项目，由市发改委报省发改委转报国家发改委审批；特大项目由国家发改委报国务院审批。

（2）1000 万元以上的项目由市发改委经报请市人民政府签审后批准开工。

（3）1000 万元以下的市管项目，由市发改委批准开工。

（4）1000 万元以下的区管项目，由区发改委审批。

（5）1000 万元以上的区管项目，报市发改委按程序审批。

（五）项目竣工验收

项目竣工验收是对建设工程办理检验、交接和交付使用的一系列活动，是建设程序的最后一环，是全面考核基本建设成果、检验设计和施工质量的重要阶段。在各专业主管部门单项工程验收合格的基础上，实施项目竣工验收，保证项目按设计要求投入使用，并办理移交固定资产手续。竣工验收要根据工程规模大小、复杂程度组成验收委员会或验收组。验收委员会或验收组应由计划、审计、质监、环保、劳动、统计、消防、档案及其他有关部门组成，建设单位、主管单位、施工单位、勘察设计单位应参加验收工作。

二、水利水电工程基本建设程序

（一）基本建设程序

基本建设程序是基本建设项目从决策、设计、施工到竣工验收整个工作过程中各个阶段必须遵循的先后次序。水利水电基本建设因其规模大、费用高、制约因素多等特点，更具复杂性及失事后的严重性。

1. 流域（或区域）规划

流域（或区域）规划就是根据该流域（或区域）的水资源条件和国家长远计划对该地区水利水电建设发展的要求，对该流域（或区域）水资源进行梯级开发和综合利用的最优方案。

2. 项目建议书

项目建议书又称立项报告。它是在流域（或区域）规划的基础上，由主管部门提出的建设项目轮廓设想，主要是从宏观上衡量分析该项目建设的必要性和可行性，即分析其是否具备建设条件、是否值得投入资金和人力。项目建议书是进行可行性研究的依据。

3. 可行性研究

可行性研究的目的是研究兴建本工程技术上是否可行、经济上是否合理。其主要任务是：

（1）论证工程建设的必要性，确定本工程建设任务和综合利用的主次顺序。

（2）确定主要水文参数和成果，查明影响工程的地质条件和存在的主要地质问题。

（3）基本选定工程规模。

（4）选定基本坝型和主要建筑物的基本形式，初选工程总体布局。

（5）初选水利工程管理方案。

（6）初步确定施工组织设计中的主要问题，提出控制性工期和分期实施意见。

（7）评价工程建设对环境和水土保持设施的影响。

（8）提出主要工程量和建材用量，估算工程投资。

（9）明确工程效益，分析主要经济指标，评价工程的经济合理性和财务可行性。

4. 初步设计

初步设计是在可行性研究的基础上进行的，是安排建设项目和组织施工的主要依据。

初步设计的主要任务是：

（1）复核工程任务及具体要求，确定工程规模，选定水位、流量、扬程等特征值，明确运行要求。

（2）复核区域构造稳定，查明水库地质和建筑物工程地质条件、灌区水文地质条件和设计标准，提出相应的评价和结论。

（3）复核工程的等级和设计标准，确定工程总体布局以及主要建筑物的轴线、结构形式与布局、控制尺寸、高程和工程数量。

（4）提出消防设计方案和主要设施。

（5）选定对外交通方案、施工导流方式、施工总布置和总进度、主要建筑物施工方法及主要施工设备，提出天然（人工）建筑材料、劳动力、供水和供电的需要量及其来源。

（6）提出环境保护措施设计，编制水土保持方案。

（7）拟定水利工程的管理机构，提出工程管理范围、保护范围以及主要管理措施。

（8）编制初步设计概算，利用外资的工程应编制外资概算。

（9）复核经济评价。

5. 施工准备阶段

项目在主体工程开工之前，必须完成各项施工准备工作。其主要内容包括：

（1）施工现场的征地、拆迁工作。

（2）完成施工用水、用电、通信、道路和场地平整等工程。

（3）必需的生产、生活临时建筑工程。

（4）组织招标设计、咨询、设备和物资采购等服务。

（5）组织建设监理和主体工程招投标，并择优选定建设监理单位和施工承包队伍。

6. 建设实施阶段

建设实施阶段是指主体工程的全面建设实施。项目法人应按照批准的建设文件组织工程建设，保证项目建设目标的实现。

主体工程开工必须具备以下条件：

（1）前期工程各阶段文件已按规定批准，施工详图设计可以满足初期主体工程施工需要。

（2）建设项目已被列入国家或地方水利水电建设投资年度计划，年度建设资金已落实。

（3）主体工程招标已经决标，工程承包合同已经签订，并已得到主管部门同意。

（4）现场施工准备和征地移民等建设外部条件能够满足主体工程开工需要。

（5）建设管理模式已经确定，投资主体与项目主体的管理关系已经理顺。

（6）项目建设所需全部投资来源已经明确，且投资结构合理。

7. 生产准备阶段

生产准备是项目投产前要进行的一项重要工作，是建设阶段转入生产经营的必要条件。项目法人应按照建管结合和项目法人责任制的要求，适时做好有关生产准备工作。

生产准备应根据不同类型的工程要求确定，一般应包括如下主要内容：

（1）生产组织准备。

（2）招聘和培训人员。

（3）生产技术准备。

（4）生产物资准备。

（5）正常的生活福利设施准备。

（6）及时具体落实产品销售合同协议的签订，提高生产经营效益，为偿还债务和资产的保值、增值创造条件。

8. 竣工验收，交付使用

竣工验收是工程完成建设目标的标志，是全面考核基本建设成果、检验设计和工程质量的重要步骤。竣工验收合格的项目即可从基本建设转入生产或使用。

当建设项目的建设内容全部完成，经过单位工程验收，符合设计要求并按水利基本建设项目档案管理的有关规定，完成了档案资料的整理工作，完成竣工报告、竣工决算等必需文件的编制后，项目法人按照有关规定，向验收主管部门提出申请，根据国家和部颁验收规程，组织验收。

竣工决算编制完成后，须由审计机关组织竣工审计，其审计报告作为竣工验收的基本资料。

（二）基本建设项目审批

1. 规划及项目建议书阶段审批

规划报告及项目建议书的编制一般由政府或开发业主委托有相应资质的设计单位承担，并按国家现行规定向主管部门申报审批。

2. 可行性研究阶段审批

可行性研究报告按国家现行规定的审批权限报批。申报项目可行性研究报告，必须同时提出项目法人组建方案及行机制、资金筹措方案、资金结构及回收资金办法，并依照有关规定附具有管辖权的水行政主管部门或流域机构签署的规划同意书。

3. 初步设计阶段审批

可行性研究报告被批准以后，项目法人应择优选择有与本项目相应资质的设计单位承担勘测设计工作。初步设计文件完成后报批前，一般由项目法人委托有相应资质的工程咨询机构或组织有关专家，对初步设计中的重大问题进行咨询论证。

4. 施工准备阶段和建设实施阶段的审批

施工准备工作开始前，项目法人或其代理机构须依照有关规定，向水行政主管部门办理报建手续，项目报建须交验工程建设项目的有关批准文件。工程项目进行项目报建登记后，方可组织施工准备工作。

5. 竣工验收阶段的审批

在完成竣工报告、竣工决算等必需文件的编制后，项目法人应按照有关规定，向验收主管部门提出申请，主管部门根据国家和部颁验收规程组织验收。

第二章 水利工程项目的施工组织设计

第一节 施工组织设计基本概念

从施工组织设计编制的特点看，施工组织设计是以单个工程为对象进行编制的，一般情况下是各个施工企业分别独立进行，有很强的技术性和综合性，需要编制人员有扎实的建筑工程理论基础和一定的实践经验。施工组织设计的内容必须适应工程项目和业主、设计、监理的特殊要求，同时必须符合国家有关法律、法规、标准及地方规范的要求。施工组织设计编制必须满足最终的一个基本要求即对施工过程起到指导和控制作用，在一定的资源条件下实现工程项目的技术经济效益，达到施工效益与经济效益双赢的目的。

一、施工组织设计编制目前存在的缺陷

（1）目前所累积的建筑施工技术资源得不到有效、充分的应用，特别是其中的智力资源，这一方面是编制人员自身素质和经验不足造成的；另一方面是传播渠道不足不畅通所致。对已有的成功经验没有进行借鉴，所编制的内容缺乏新技术、新工艺，没有起到提高劳动效率、降低资源消耗的作用。

（2）有的施工组织设计编制人员缺乏技术理论基础和具体施工经验，在编制中只是对技术规范照搬照抄，而未对具体工程的特点进行有针对性的规划和设计，没有起到指导施工的作用。

（3）施工组织设计必须对每个建筑工程逐项进行编制，以适应不同工程的特点，但不同编制人员对于同类型的施工工艺在进行编制工作的同时，做了大量不必要的重复劳动，降低了工作效率。

（4）现在编制的施工组织设计只作为技术管理制度的一项工作，它主要追求施工效益而很少考虑经济效益，只注重组织技术措施而没注重经济管理的内容，以致在实施过程中

不讲成本，没有实现经济效益的目标。

（5）目前施工组织设计的编制经常是技术部门的几个技术人员包揽，技术部门搞编制，生产部门管执行，出现设计与实施分离的现象，以致造成施工组织设计只是个形式而已，不能真正起到指导施工的作用。随着科学技术的发展和建筑水平的不断提高，施工企业管理体制的进一步完善，原有的传统施工组织设计编制方法已不能适应现在的要求。目前我国已加入了WTO（世界贸易组织），建筑施工企业为了适应日益激烈的市场竞争形势，适应建筑市场和新型施工管理体制的需要，要具备建造现代化建筑物的技术力量和手段，就必须对现在的施工组织设计的编制方法进行改进。

二、改进方法

（1）运用系统的观念和方法，建立施工组织设计编制工作的标准。行业管理部门如能对建筑工程的大中型项目施工组织设计进行收集，经过分析和归纳，整理并发布，则能使先进的施工组织设计更能发挥效益，减少编制人员重复劳动，而且能推广先进经验。

（2）企业应改变施工组织设计由技术部门包揽的做法，实行谁主管项目实施，就由谁负责主持编制并执行的方法，使施工组织设计能较好地服务于施工项目管理的全过程。

（3）施工组织设计的内容就是根据不同工程的特点和要求，根据现有的和可能创造的施工条件，从事实出发，决定各种生产要素的结合方式。选择合理的施工方案是施工组织设计的核心，应根据多年积累的建筑施工技术资源，同时借鉴国内外先进施工技术，运用现代科学管理方法并结合工程项目的特殊性，从技术及经济上互相比较，从中选出最合理的方案来编制施工组织设计，使技术上的可行性同经济上的合理性统一起来。

（4）施工组织设计内容应简明扼要、突出目标，结合企业实际满足招标文件的需要，要具有竞争性，能体现企业的实力和信誉。

（5）建筑施工企业应实行施工组织设计的模块化编制，更多地运用现代化信息技术，以便进行积累、分组、交流及重复应用，通过各个技术模块的优化组合，减少无效劳动。

（6）努力贯彻国家质量管理和保证体系标准，走质量效益型发展道路，建立并完善科学的、规范的质量保证体系。逐项编制质量保证计划，应与施工组织设计工作同时进行，并努力使二者有机结合起来。建筑施工组织设计必须扩大深度和范围，对设计图纸的合理性和经济性做出评估，实现设计和施工技术的一体化。施工企业要建立施工组织设计总结与工法制度，扩大技术积累，加快技术转化，使新的技术成果在施工组织设计中得到应用。

现在已是知识经济时代，信息技术在工程项目中起到越来越大的作用，建筑施工企业应大力发展与运用信息技术，重视高新技术的移植和利用，拓宽智力资源的传播渠道，全面改进传统的编制方法，使信息在生产力诸要素中起到核心的作用，逐步实现施工信息自动化、施工作业机器化、施工技术模块化和系统化，以产生更大的经济效益，增强建筑施工企业的竞争力，从而使企业能在日益激烈的竞争中获得更好的生存环境。

三、施工组织设计的作用

施工组织设计是沟通工程设计和施工之间的桥梁，既要体现基本建设计划和设计的要求，又要符合施工活动的客观规律，对建设项目、单项及单位工程的施工全过程起到战略部署和战术安排的双重作用。施工组织设计也是指导拟建工程从施工准备到施工完成的组织、技术、经济的一个综合性的设计文件，对施工全过程起指导作用。

施工组织设计是施工准备工作的重要组成部分，也是及时做好其他有关施工准备工作的依据，因为它规定了其他有关施工准备工作的内容和要求，所以，它对施工准备工作也起到保证作用。施工组织设计是对施工活动实行科学管理的重要手段；是编制工程概算、预算的依据之一；是施工企业整个生产管理工作的重要组成部分；是编制施工生产计划和施工作业计划的主要依据。因此，编好施工组织设计，按科学的程序组织施工，建立正常的施工秩序，有计划地开展各项施工活动，及时做好各项施工准备工作，保证劳动力和各种技术物资的供应，协调各施工单位之间、各工种之间、各种资源之间及空间和平面上的布置、时间上的安排之间的合理关系，从而为保证施工的顺利进行，如期按质按量完成施工任务，取得良好的施工经济效益，起到重要的作用。

四、施工组织设计的分类

施工组织设计根据设计阶段和编制对象不同，大致可以分为四类：施工组织总设计（施工组织大纲）、单位工程施工组织设计、分部（分项）工程施工作业设计和投标前施工组织设计。前三类施工组织设计是由大到小、由粗到细、由战略部署到战术安排的关系，但各自要解决问题的范围和侧重等要求有所不同。

投标前施工组织设计，是专为制作投标文件而进行编制的。

（一）施工组织总设计（施工组织大纲）

施工组织总设计是以一个建设工程项目为编制对象，用以规划整个拟建工程施工活动的技术经济文件。它是整个建设工程项目施工任务总的战略性的部署安排，涉及范围较广，内容包括很多。它一般是在初步设计或扩大初步设计批准后，由总承包单位负责，并邀请建设单位、设计单位、施工分包单位参加编制。如果编制施工组织设计条件尚不具备，可先编制一个施工组织大纲，以指导开展施工准备工作，并为编制施工组织总设计创造条件。施工组织总设计的主要内容包括：工程概况、施工部署与施工方案、施工总进度计划、施工准备工作及各项资源需要量计划、施工总平面图、主要技术组织措施及主要技术经济指标等。

由于大、中型建设工程项目施工工期往往需要几年，施工组织总设计对以后年度施工条件等变化很难精确地预见到，这样，就需要根据变化的情况，编制年度施工组织设计，用以指导当年的施工部署并组织施工。

（二）单位工程施工组织设计

单位工程施工组织设计是以一个单位工程或一个不复杂的单项工程（如一座涵闸、桥梁，一个厂房、仓库或一幢公共建筑等）为对象而编制的。它是根据施工组织总设计的规定要求和具体实际条件对拟建的工程对象施工工作所做的战术性部署，内容比较具体、详细。它是在全套施工图设计完成并交底、会审完后，根据有关资料，由工程项目技术负责人组织编制。单位工程施工组织设计的主要内容包括：工程概况、施工方案与施工方法、施工进度计划；施工准备工作及各项资源需要量计划、施工平面图、主要技术组织措施及主要经济指标等。对于常见的小型工程可以编制单位工程施工方案，它内容比较简化，一般包括施工方案、施工进度、施工平面布置和一些有关的内容。

（三）分部（分项）工程施工作业设计

分部（分项）工程施工作业设计是以某些新结构、技术复杂的或缺乏施工经验的分部（分项）工程为对象（如屋面网架结构、有特殊要求的高级装饰工程等）而编制的，用以指导和安排该分部（分项）工程施工作业完成。分部（分项）工程施工作业设计的主要内容包括：施工方法、技术组织措施、主要施工机具、配合要求、劳动力安排、平面布置、施工进度等。它是编制月、旬作业计划的依据。

（四）投标前施工组织设计

投标前施工组织设计是作为编制投标书的依据，其目的是为了中标。主要内容包括：

施工方案、施工方法的选择，关键部位、工序采用的新技术、新工艺、新机械、新材料，以及投入的人力、机械设备等；施工进度计划，包括网络计划、开竣工日期及说明；施工平面布置，水、电、路、生产、生活用施工设施的布置，临时用地；保证质量、进度、环保等的计划和措施；其他有关投标和签约的措施。

五、编制施工组织设计的基本原则

（1）认真贯彻国家对工程建设的各项方针和政策，严格执行工程建设程序。

（2）遵循建设施工工艺及其技术规律，坚持合理的施工程序和施工顺序。

（3）采用流水施工方法、工程网络计划技术和其他现代管理方法，组织有节奏、均衡和连续地施工。

（4）科学地安排冬期和雨季施工项目，保证全年施工的均衡性和连续性。

（5）认真执行工厂预制和现场预制相结合的方针，不断提高施工项目建筑工业化程度。

（6）充分利用现有施工机械设备，扩大机械化施工范围，提高施工项目机械化程度；不断改善劳动条件，提高劳动生产率。

（7）尽量采用先进的施工技术，科学地确定施工方案；严格控制工程质量，确保安全施工；努力缩短工期，不断降低工程成本。

（8）尽可能减少施工设施，合理储存建设物资，减少物资运输量；科学地规划施工平面图，减少施工占地。

第二节　单位工程施工组织设计

根据建筑物的规模大小、结构的复杂程度，采用新技术的内容，工期要求，建设地点的自然经济条件，施工单位的技术力量及其对该类工程的熟悉程度，单位工程施工组织设计的编制内容与深度有所不同。较完整的单位工程施工组织设计包含如下内容：

一、工程概况

工程概况和施工条件分析是对拟建工程特点、地点特征、抗震设防的要求、工程的建筑面积和施工条件等所做的一个简要、突出重点的介绍，其主要内容包括：

（一）工程建设概况

拟建工程的建设单位，工程名称，工程规模、性质、用途、资金来源及投资额，开竣工的日期，设计单位，施工单位（包括施工总承包和分包单位），施工图纸情况，施工合同，主管部门的有关文件或要求，组织施工的指导思想等。

（二）工程施工概况

1. 建筑设计特点

一般须说明：拟建工程的建筑面积、层数、高度、平面形状、平面组合情况及室内外的装修情况，并附平面、立面剖面简图。

2. 结构设计特点

一般须说明：基础的类型，埋置的深度，主体结构的类型，预制构件的类型及安装，抗震设防的烈度。

3. 建设地点的特征

包括拟建工程的位置、地形，工程地质条件；不同深度土壤的分析，冻结时间与冻结厚度，地下水位、水质；气温，主导风向，风力。

4. 施工条件

包括“三通一平”情况（建设单位提供水、电源及管径、容量及电压等）；现场周边的环境；施工场地的大小；地上、地下各种管线的位置；当地交通运输的条件；预制构件的生产及供应情况；预拌混凝土供应情况；施工企业、机械、设备和劳动力的落实情况；劳动力的组织形式和内部承包方式等。

（三）工程施工特点

概括单位工程的施工特点是施工中的关键问题，以便在选择施工方案、组织资源供应、技术力量配备以及施工组织上采取有效的措施，保证顺利进行。

二、施工准备工作

施工准备是单位工程施工组织设计的一项重要工作。施工准备工作宏观地分为内部资料准备和外部物质准备两大部分。对于装饰装修工程主要准备工作包括：

（一）内部资料准备工作

（1）研究设计图纸，讨论方案的可行性。

（2）根据图纸核对现场尺寸。

（3）按区域、房间、工种、项目计算装饰装修工程量。

（4）在计算装饰装修工程量的基础上，参照施工定额，按区域、房间、工种、项目确定额定工料消耗，编制工程预算。

（5）根据工程设计特点和现场条件及技术经济条件，编制施工组织设计应包括以下几点：

①经与结构、安装工程协调的装饰装修工程施工进度计划。

②各装饰装修分项工程施工方法或工艺。

③拟用的装饰装修工具一览表。

④施工现场组织平面图。

⑤质量、安全、场容管理、成品保护及现场保卫等措施。

⑥根据施工进度计划和工程量表，按材料品种、规格编制装饰装修材料需用计划及采购计划。

⑦进行安全与技术交底。

（二）外部物质准备工作

（1）复核结构施工尺寸，根据50线确定装饰装修基准线。

（2）清理影响施工的障碍物。

（3）落实装饰装修施工队伍，选择专业技术人员。特殊工种要持证上岗。

（4）根据工程需要准备施工工具及设备。

（5）确保装饰装修材料的供应，通知材料及人员进场。

（6）熟悉及完善现场环境。在工人进场施工前，工地要实现“五通”。

①水通：现场供水要满足生活、施工及消防需要。

②电通：现场供电的电压及功率要满足现场生活及施工需要，必要时准备发电机。

③路通：现场道路力争能使运输材料的汽车直接到达门口。

④通信通：邮政及电信能满足工地生活和外界联系。

⑤高层垂直运输通：高层建筑装修要有垂直运输材料通道，最好能使用电梯。

⑥在工人进场施工以前，工地现场要准备好下列场地：第一，现场餐、厕场地，或联系外部餐厅；第二，现场住宿场地；第三，现场办公场地；第四，现场仓库或材料堆放场地；第五，现场半成品临时加工及堆放场地；第六，材料二次运输临时堆放场地。

⑦在工人进场施工前，须熟悉当地社会环境：第一，火警电话号码；第二，当地派出所电话号码及其他治安联防单位电话号码；第三，医院急救电话；第四，材料供应商的电话、地址；第五，业主电话；第六，设计单位电话。

⑧在工人进场施工以前，办理下列手续：第一，工程报建；第二，税务登记；第三，银行开户；第四，工程保险；第五，附属批文，如公安局消防处批文等；第六，外来施工人员现场暂住手续。

三、施工方案

施工方案是施工组织设计的核心内容，在编制施工方案的过程中要运用“系统”的观念及方法，研究其技术特征与经济作用；针对不同类型、等级、结构特点的工程制定出不同的装饰装修施工方法；努力贯彻 IS09001 系列的标准，走质量、效益型发展道路；施工方案的选择与制订须多方案比较，在比较中得到最佳方案。施工方案主要包括：各主要工种的施工方法尤其是新技术、新工艺须详细说明；施工程序、施工顺序和施工流向的确定；施工段的划分（流水进度）；各主要工种选用机械及其布置和开行路线；确定配件现场加工与工厂加工的种类和数量。

四、施工进度计划图表

施工进度计划图表是介绍各分部分项工程的项目、数量、施工顺序、搭接和交叉作业的表格。此外还应列出劳动力、材料、机具、预制配件、半成品等需用计划。因此，从施工进度计划表中要反映出整个工程施工的全过程。寻求最优施工进度的指标使资源需用量均衡，在合理使用资源的条件下和不提高施工费用的基础上，力求使工期最短。

五、施工平面图

绘制材料和配件现场临时堆放的位置、施工机械的位置，力求使材料的二次搬运最少。

六、施工技术、组织与保证安全措施

为了保证工程的质量，要针对不同的工作、工种和施工方法，制定出相应的技术措施和不同的质量保证措施。同时要保证文明施工、安全施工。

（一）施工技术组织措施

（1）保证质量的关键是对工程施工中经常发生的质量通病制定预防措施。例如，对采用新工艺、新材料、新技术和新结构制定有针对性的技术措施；确保质量的措施；保证各种工程质量的措施；以及复杂特殊工程的施工技术组织措施等。

（2）在组织工程施工过程中建立健全质量监督体系；建立自查、工长检查、质量员复查、监理监察的质量检查系统，以保证各分项工程的质量。

在组织施工过程中，合理地穿插施工可加快工程的施工进度，但是，在不同程度上也会影响施工的质量。这对施工组织人员来讲，组织施工必须严密，只有对不同结构的不断把握和分析，对不同施工条件的适应和改善，对施工过程规律性东西的研究和掌握，对施工组织科学性、适用性的探索，对施工方法的总结和鉴别，对施工经验的总结和积累，才能保证工程的质量。

（3）在组织施工过程中，建立健全现代项目管理体制，要结合我国的国情妥善设置。在我国市场机制还不很完善的情况下，要使经济手段和行政手段相结合，一方面运用经济合同明确工程建设各方面的责任，建立相适应的项目管理体系；另一方面要运用原有的行政管理体系，为工程项目的顺利进行扫除障碍、创造条件。

（4）施工组织上对于施工队伍的分包，必须以法律为准绳，不与不够资质的施工队伍签分包合同，以确保工程质量。

（二）保证施工安全措施

（1）新工艺、新材料、新技术、新结构的安全技术措施。

（2）预防自然灾害（如防雷击、防滑等）措施。

（3）高空作业的防护措施。

（4）安全用电和机电设备的保护措施。

（5）防火、防爆措施。

（三）冬雨季施工措施

1. 雨季施工措施

要根据工程所在地的雨量、雨期和工程特点和部位，在防淋、防潮、防泡、防淹、防拖延工期等方面，合理地安排施工任务，采取改变施工顺序、排水、加固、遮盖等措施。在工程的施工进度安排上，注意晴雨结合，并做好道路的防滑措施，做好现场的排水工作，经常疏通排水管道，防止堵塞。

2. 冬期施工措施

要根据所在地的气温、降雪量、工程内容和特点、施工条件等因素，在保温防冻改善操作环境等方面，采取一定的冬期施工措施。对于不适宜或在冬季不容易保证质量的工作，合理安排在冬期以前或冬期以后进行，并及早做好技术、物资的供应和储备。加强冬季防火措施。

3. 降低成本措施

包括提高劳动生产率，节约劳动力、材料、机械设备费用、临时设施费用等方面措施。它是根据施工预算和技术组织措施计划进行编制的。

4. 防火措施

合理规划施工现场的消防安全布局，最大限度地减少火灾隐患。一是要针对施工现场平面布置的实际，合理划分各作业区，特别是明火作业区、易燃、可燃材料堆场、危险物品库房等区域，设立明显的标志，将火灾危险性大的区域布置在施工现场常年主导风向的下风侧或侧风向；二是尽量采用难燃性建筑材料，减低施工现场的火灾荷载；三是民工宿舍附近要配置一定数量的消防器材，大型建筑工地应设置消防水池以及必要的灭火设施。

第三节　投标文件施工组织设计的编制

投标文件的技术部分即投标工程的施工组织设计，它是投标文件的重要组成部分，是编制投标报价的基础，是反映投标企业施工技术水平和施工能力的重要标志。施工组织设计文件编制的质量好坏，将会直接影响到中标与否，其在投标阶段的重要性不言而喻。

一、投标施工组织设计的特点

施工组织设计是指施工企业在工程项目投标阶段对投标项目所做的项目策划。它是企业根据投标文件所给出的边界条件以及企业自身的施工技术水平对投标工程确定的施工管理、施工技术方案的纲领性文件。作为投标文件技术部分的施工组织设计主要有以下特点：

（一）编制的依据详疏不同

在工程招标阶段，不同项目的发包方采取的招标方式不同。有的聘请专业的招标代理公司进行；有的自行组织招标；也有的聘请设计单位组织招标文件编制。因此，各个工程项目招标文件的编写程度深浅不一，提供的工程设计图纸资料的详尽程度也各不相同，这就要求投标企业的投标文件编制人员通过标前答疑、现场踏勘等各种渠道，尽可能地对工程有一个较全面、准确的了解，排除在投标过程中的不确定因素，使编制出的投标文件有的放矢。

（二）有理有据、条理分明

该阶段的施工组织设计是针对发包方在投标阶段评标用的。由于评标时间一般不会太长，对于评委而言，要使其在很短的时间内对所有投标单位的投标文件进行详尽的评阅，所编写的文字必须有理有据、条理分明，使其在评阅文件时能用尽可能少的时间，对本企业的投标文件有一个完整的了解。对本企业在该项目施工中计划采取的施工方案、管理体制以及人员、设备的投入，满足工程质量、工期、安全、环保等方面的能力有尽可能全面的理解和认同。

（三）图文并茂，一目了然

如果说条理分明的文字是一个好的施工组织设计的首要条件的话，那么，图纸则能起到画龙点睛的作用。如总平面布置图、各部位施工方法示意图等，都能把文字所要表达的意思更直观、准确地表达出来，让阅读者一目了然、事半功倍。在计算机模拟技术不断发展的今天，很多单位已将计算机三维模拟技术应用在标书的制作中，在投标阶段即可把施工中的实际场景真实地显现，让发包方和评标专家们看到施工中、竣工后的工程及周边环境。

（四）抓住重点，突出特点

由于投标阶段针对性较强，因此，在编制施工组织设计的时候，在内容上要全面覆盖整个工程的各个方面。同时，应在充分研究工程布置、建筑物特点、工期、质量、安全、环保等要求的基础上，抓住工程的难点、关键线路项目以及发包方关注的其他重点问题进行详尽的表述，充分消除发包方和评标专家们的疑惑。另外，在施工方案、方法上要突出本企业对该工程设计、施工的理解程度，把在本工程施工中计划采取的主要施工特点、关键技术、新材料、新工艺等着重加以突出。

二、编制中应注意的问题

在投标阶段，由于招标文件的局限性、投标文件编制时间的有限性，想要优质地编制出投标工程的施工组织设计，就应注意做好如下四方面的工作：

（一）认真阅读和领会招标文件

招标文件是投标的依据，在开始着手进行施工组织设计编制之前，应下功夫对招标文件进行深入的阅读和理解，领会招标文件的内涵。对招标依据、招标内容、范围、工程的布置、规模、特点、水文气象、地质资料、交通、施工用水、用电等边界条件以及工期、质量的要求、施工难点有一个全面的了解和把握。

准确读图是阅读招标文件的重要部分，在读图的过程中把发现的问题及时做好记录，尤其是不明白的地方或对重大技术方案、工程造价有影响的地方，作为发包方需要进一步澄清的问题在标前答疑中提出。

另外，有的招标文件还附带详细的评标办法，对投标文件技术部分编制中应包含的内容和编制的深度都做了详细的规定。那么，在编写施工组织设计时就必须严格按其要求进行，甚至章节编号、题目都应与之尽可能一致，以响应招标文件。

（二）做好踏勘现场和标前答疑

现场踏勘是对投标工程项目现场客观条件的客观认识和把握。通过踏勘现场，实地了解工程所处的地理位置、施工临时设施的布置以及水文、气象、地质、交通、施工用水、用电条件等，可以进一步对工程施工中可能存在的潜在问题做到心中有数。现场踏勘是对工程的感性认识，对合理确定施工交通、水流控制、风水电系统等临时工程量有着极为重要的意义。

标前答疑是发包方在发售招标文件后，对招标文件及招标的边界条件给予各投标单位的进一步澄清和说明，一般都有时间限制。因此，投标方在拿到招标文件后，应立即组织各专业工程师对招标文件进行详细阅读和领会，并将各专业存在的疑问汇总，以书面形式尽快提交发包方，以便及时得到澄清。

（三）确定重大技术方案

投标文件是一个整体系统，在其编写过程中每一次对主要施工方案、方法的修改，都要对其他部分进行相应的改动。因此，在认真阅读和领会招标文件、踏勘现场后，不要急于着手进行投标文件的编制，应该在文件开始编写前对工程项目施工中的重大技术方案进行详细研究。例如，施工总体布置、风水电及交通系统的形式、水流控制的方式、各部位施工方案、方法、工程工期安排等。只有在对这些关键性的问题进行仔细研究确定后，才能避免在编制文件的过程中频繁地修改方案、方法，从而使编制工作事半功倍，在紧张的编制时间内游刃有余。

（四）初稿完成后的审定

投标工作是一项烦琐而又时间紧迫的工作，在时间紧、任务重的情况下难免会出现差错。所以，在初稿完成后，一定要留出时间进行审查。首先应由编写者自审，主要审查在编写过程中有无遗漏的项目；施工机械设备的配置是否满足施工；工期安排能否满足招标文件要求；各部分是否有矛盾之处等。在自审的基础上，应由项目负责人对整个文件进行系统的审阅，进一步完善编制内容。投标工作是一种近似残酷的竞争，各投标单位在响应招标文件的基础上，不断拓宽文件所包含的内容，以求做到尽可能地完美。投标文件一般包括文字部分和图纸部分。

三、文字部分

文字部分是施工组织设计的主体部分。它必须把要表达的内容准确、简明地叙述出来，使阅读者能在有限的文字里读到想要了解的内容。文字部分包括以下主要内容：

（一）编制依据

（1）《水利水电工程初步设计报告编制规程》。

（2）可行性研究报告及审批意见、上级单位对本工程建设的要求或批件。

（3）工程所在地区有关基本建设的法规或条例，地方政府、业主对本工程建设的要求。

（4）国民经济各有关部门（铁路、交通、林业、灌溉、旅游、环境保护、城镇供水等）对本工程建设期间有关要求及协议。

（5）当前水利水电工程建设的施工装备、管理水平和技术特点。

（6）工程所在地区和河流的自然条件（地形、地质、水文、气象特征和当地建材情况等），施工电源、水源及水质、交通、环境保护、旅游、防洪、灌溉、航运、供水等现状和近期发展规划。

（7）当地城镇现有修配、加工能力，生活、生产物资和劳动力供应条件，居民生活、卫生习惯等。

（8）施工导流及通航等水工模型试验、各种原材料试验、混凝土配合比试验、重要结构模型试验、岩土物理力学试验等成果。

（9）工程有关工艺试验或生产性试验成果。

（10）勘测、设计各专业有关成果。

（二）工程概况

主要包括工程特点、结构特征、地下管线、地理位置、施工条件、自然气候等内容。

（三）施工部署

主要包括项目组织机构及人员资质，项目管理及质量、安全、成本、环保等管理体系的建立，质量、安全、工期、成本、文明施工等管理目标，施工总体方案，施工总工期控制，分项工程施工强度分析，施工程序和施工顺序，施工段划分，分包形式，分项工程施工强度分析和总工期控制，试验检验批次划分，特殊工程确定和质量控制点的设置，可追溯性范围的确定等内容。

（四）施工进度计划

施工进度计划主要包括网络计划、横道图、斜线图、图像进度表、立面图等计划形式。对项目多、工期长、规模大、技术复杂、分包单位多的工程，可以采用四种以上的形式编制进度计划。一般工程可采用一至二种形式编制进度计划。施工总进度以施工网络计划中的关键线路和横道图进度计划为主，各专业队分段流水作业计划以横道图和斜线图为主，建筑物某专业工程施工进度的行列、区段、层次则以横道图和图像进度表为主。

（五）施工导流

包括施工截流、导流措施等。

（六）主体工程的施工方法

主要包括施工测量、土方工程、石方工程、钢筋混凝土工程、模板工程等内容。根据这些施工内容，结合工程特征，按不同专业和分部分项施工的先后顺序，确定先进、合理、可行的施工方案和方法。其主要施工方案应本着技术先进、经济合理的原则，分别按投标项目内容的施工工艺流程、施工流水段划分、施工工种的优化组合、施工机械的选择、施工材料的组织、施工顺序安排、流水施工组织、场内外施工条件等方面，确定符合工程实体和符合招标文件实质性要求的有效方案。主要施工方法原则上应按生产要素和质量因素，对不同的施工内容分别按工作准备、施工程序、工种配备、操作工艺、作业方法、工序衔接、质量控制、成品保护、施工注意要点等方面进行科学合理的编制。

（七）主要技术措施

包括进度计划保证措施、降低成本控制措施、施工技术管理措施、特殊过程和关键工序控制措施、质量通病防治措施、过程控制纠偏措施、成品保护措施等。

（八）施工组织机构

包括施工现场人员组织结构、相互关系、人员责任分工等。

（九）施工协调

主要包括建设行政主管部门协调，建设单位协调，设计单位协调，监理单位协调，检测试验单位协调，施工材料、构配件、设备供应单位协调，分承包单位协调和施工现场人、机、料、法、环综合协调等内容。

（十）工程回访

主要包括国家规定的土建、水暖、电气等保修年限内，组织巡视、检查、检测、维修、返修、返工等工作的承诺和实施办法。

四、图纸部分

图纸部分是对文字部分形象化的表达，对文字的表述起着至关重要的补充作用，是构成投标技术文件的重要组成部分。对一般工程项目而言，主要须绘制以下几方面的图纸。

施工总布置图；施工进度横道、网络图；各部位施工的风、水、电、交通布置图；各部位主要施工方法图；主要施工工艺流程图；土石方平衡及流向图；料场开采规划布置图；主要临时工厂布置图及生产工艺流程图。

五、编制方法

在实际的工程项目招标过程中，从发售招标文件到投标单位报送投标文件的时间间隔并不长，除去现场踏勘、熟悉招标文件以及打印、装订所需的时间，真正用来编制投标文件的时间非常紧迫。要想在有限的时间里编制出高质量的投标文件，就要想办法来提高编制效率。

（一）提纲挈领，各个击破

在对工程招标文件及有关资料进行研究的基础上，根据工程所包含的项目以及计划编写内容，确定出一个完整的施工组织设计提纲，即列出详细的章节目录，然后按照确定的技术方案、施工方法分别组织技术人员进行编制。

编制时，应由项目技术总负责人全面控制，加强参与人员之间的相互沟通，切忌各自为政、重点不突出、前后不能照应等。

（二）基本素材模块化

快速编制标书的另一个重要办法就是实现基本素材的模块化。对大多数同类型的工程而言，其基本内容大致相同，如主要项目施工工艺、质量保证措施、技术保证措施、工期保证措施、安全保证措施、现场消防保卫措施、安全文明施工保证措施、成品保护措施、冬季雨季施工保证措施。对于这些内容，可以在平时注意收集各种类型的素材，使收集到的内容在已知领域内尽量做到细而全，以万材应万变。在编制标书时，可以将这些模块化的素材根据需要放在各自的位置，像搭积木一样，填充标书的内容。

主要的施工方法图、施工工艺流程图、组织机构框图等也可使之模块化，在需要的时候，搬过来修改一下即可使用，从而有效地节约编标时间。

（三）重点突出、画龙点睛

具体到每个投标项目所须编写的内容，包括工程概况、施工部署、施工总平面布置、施工进度计划、各部位主要施工方案及方法等内容。这些内容要针对具体的工程项目，充分理解设计意图，解决好发包方关注的重点和施工难点，结合现场的实际条件和本企业的施工能力，精心组织，从而最终形成针对性强、重点突出、内容充实的投标文件。

（四）注意事项

编制投标施工组织设计时，一是要着重反映企业综合实力和技术水平；二是对招标文件要透彻理解，做到考虑全面，充分响应招标文件，并使编制的投标文件紧扣招标文件的规定；三是要收集多种技术资料，做好调查研究工作；四是对制订的施工总体部署和施工方案力求科学性、经济性、实效性，对投标工程项目的主导施工过程、关键部位、特殊部位等施工方法的编制应充分体现企业的技术优势，从抽象到具体、从整体到局部的系统工作，形成系列化的投标文件，使业主和评委能据此判断投标人的技术能力和可信程度；五是要与商务标相配合，互通信息，以免自相矛盾；六是力求摆正编制者与读者的关系，不掺杂对第三者的褒贬内容；七是要注意文字编排质量，加强内部校核、评审工作，以防条理不清、行文错误等现象出现，给评审者造成一定困惑；八是要留有事后变更的依据，以免给自己带来被动；九是要将已编制好的投标组织设计备份，以便查阅和参考，同时对投标文件编制软件和建立的电子文档加密。

（五）水利工程施工组织设计所需资料

1. 施工导流

（1）工程所在河段水文资料、洪水特性、各种频率的流量及洪量、水位流量关系、冬季冰凌情况（北方河流）、施工各支沟各种频率洪水、泥石流以及上下游水利水电工程对本工程的影响情况。

（2）工程地点的气温、水温、地温、降水、风、冻层、冰情和雾等气象资料。

（3）工程地点的地形、地质、水文工程地质条件等资料。

（4）枢纽布置图、水工建筑物结构图、泄流能力曲线、水库特性水位及主要水能指标、水库蓄水分析计算、施工期的水库淹没资料等规划设计资料。

（5）有关试验资料。

（6）有关社会经济调查和其他资料。

2. 主体工程施工

（1）与各类工程施工有关的水文、气象实测资料和统计分析成果，地形图、工程地质和水文地质平、剖面图，各种数据指标和地质报告。

（2）施工对象的结构特征，布置形式、尺寸，分部位、分高程的细部工程量和平、剖面图。

（3）施工导流、施工总进度、施工总布置和各类施工工厂设施等有关图纸资料。

（4）料场的有关资料及施工需用的原材料、成品、半成品的有关试验数据、指标，各种新材料、新工艺、新技术、新设备的生产性试验或现场试验成果。

（5）有关施工方法的生产人员配备、施工设备的各种性能指标及其实践中的生产能力。

3. 施工交通运输

（1）铁路运输

①现有铁路对本工程可能承担的运输能力；②拟与接轨的铁路线及其车站的技术条件、车流情况、运输能力、机车、车辆修理设施规模；③现有桥梁、隧道的极限通过限界；④当地铁路有关部门对该地区的铁路规划和接轨要求。

（2）公路运输

①工程附近可利用的公路情况，如路况、等级标准、纵坡、路面结构、宽度、最小平曲线半径及昼夜最大行车密度等；②桥、隧及其他建筑物设计标准、跨度、长度、结构形式和通行能力，最大装载限制尺寸；③公路运输能力及费率。

（3）水路运输

①通航河段、里程、船只吨位、吃水深度、船形尺寸，年运输能力，码头吞吐能力及航运有关费率；②利用现有码头的可能性及新建专用码头的地点和要求；③有关部门对航运的要求。

4. 施工工厂设施

（1）工程建设地点及附近可能提供的施工场地情况。

（2）当地可能提供修理、加工能力的情况。

（3）建筑材料的来源和供应条件调查资料。

（4）施工区水源、电源情况及供应条件。

（5）温度控制设计的有关成果。

5. 施工总布置

（1）当地国民经济现状及其发展前景。

（2）可为工程施工服务的建筑、加工制造、修配、运输等企业的规模，生产能力及其发展规划。

（3）现有水陆交通运输条件和通过能力、近远期发展规划。

（4）水、电以及其他动力供应条件。

（5）当地建筑材料及生活物资供应情况。

（6）施工现场土地状况和征地有关问题。

（7）工程所在地区行政区划图、施工现场地形图及主要临时工程剖面图，三角水准网点等测绘资料。

（8）施工现场范围内的工程地质与水文地质资料。

（9）河流水文资料、当地气象资料。

（10）规划、设计各专业设计成果或中间资料。

（11）主要工程项目定额、指标、单价、运杂费率等。

（12）当地及各有关部门对工程施工的要求。

（13）施工场地范围内的环境保护要求。

6. 施工总进度

（1）可行性研究报告及审查意见。

（2）初步设计各专业阶段成果。

（3）工程建设地点的对外交通现状及近期发展规划。

（4）施工期（包括初期蓄水期）通航和下游用水等要求情况。

（5）建筑材料的来源和供应条件调查资料。

（6）施工区水源、电源情况及供应条件。

（7）地方及各部门对工程建设期的要求和意见。

（8）当地可能提供修理、加工能力的情况。

（9）当地承包市场及可能提供的劳动力情况。

（10）当地可能提供的生活必需品的供应情况，居民的生活习惯。

（11）工程所在河段水文资料、洪水特性、各种频率的流量及洪量、水位流量关系、冬季冰凌情况（北方河流）、施工各支沟各种频率洪水、泥石流以及上下游水利水电工程对本工程的影响情况。

（12）工程地点的气温、水温、地温、降水、风、冻层、冰情和雾等气象资料。

（13）工程地点的地形、地质、水文工程地质条件等资料。

（14）与工程有关的国家政策、法律和规定。

第三章 建设工程进度管理措施

第一节 进度管理基本概念

一、工程进度管理概念

在全面分析建设工程项目的工作内容、工作程序、持续时间和逻辑关系的基础上编制进度计划，力求使制订的计划具体可行、经济合理，并在计划实施过程中，通过采取有效措施，为确保预定进度目标的实现，而进行的组织、指挥、协调和控制（包括必要时对计划进行调整）等活动，称为工程项目的进度管理。

项目进度管理是项目管理的一个重要方面，它与项目费用管理、项目质量管理等同为项目管理的重要组成部分。它是保证项目如期完成或合理安排资源供应、节约工程成本的重要措施之一。

工程项目进度管理通常有以下四个特点：

（一）进度管理是一个动态过程

工程项目通常建设周期较长，随着工程项目的进展，各种内部、外部环境和条件的变化，都会使工程项目本身受到一定的影响。因此，在工程实施过程中，进度计划也应随着环境和条件的改变而做出相应的修改和调整，以保证进度计划的指导性和可行性。

（二）进度计划具有很强的系统性

工程项目进度计划是控制工程项目进度的系统性计划体系，既有总的进度计划，又有各个阶段的进度计划，诸如项目前期工作计划、工程设计进度计划、工程施工进度计划等，每个阶段的计划又可分解为若干子项计划，所有这些计划在内容上彼此联系、相互影响。

（三）进度管理是一种既有综合性又有创造性的工作

工程项目进度管理不但要沿用前人的管理理论知识，借鉴同类工程项目的进度管理经验和技术成果，而且要结合工程项目的具体情况，大胆创新。

（四）进度管理具有阶段性和不平衡性

工程进展的各个阶段，如工程准备阶段、招投标阶段、勘察设计阶段、施工阶段、竣工阶段等都有明确的起始与完成时间以及不同的工作内容，因此相应的进度计划和实施控制的方式也不相同。

二、项目进度管理程序和内容

（一）工程项目进度管理程序

工程项目进度管理，须结合工程项目所处环境及其自身特点和内在规律，按照科学合理的方法及程序，采取一系列相关措施，有计划有步骤地监测和管理项目。一般而言，进度管理按以下程序进行：

（1）确立项目进度目标；

（2）编制工程项目进度计划；

（3）实施工程项目进度计划，经常、定期对执行情况进行跟踪检查，收集有关实际进度的资料和数据；

（4）对有关资料进行整理和统计，将实际进度和计划进度进行分析对比；

（5）若发现问题，即实际进度与计划进度对比发生偏差，则根据实际情况采取相应的措施，必要的时候进行计划调整；

（6）继续执行原计划或调整后的计划。重复3、4、5步骤，直至项目竣工验收合格并移交。

（二）工程项目进度管理内容

工程项目进度管理包括两大部分内容，即项目进度计划的编制和项目进度计划的控制。

1. 项目进度计划的编制

(1) 工程项目进度计划的作用

凡事预则立，不预则废，在项目进度管理上亦是如此。在项目实施之前，必须先制订一个切实可行的、科学的进度计划，然后按计划逐步实施。这个计划的作用有：①为项目实施过程中的进度控制提供依据；②为项目实施过程中的劳动力和各种资源的配置提供依据；③为项目实施有关各方在时间上的协调配合提供依据；④为在规定期限内保质、高效地完成项目提供保障。

(2) 工程项目进度计划的分类

①按项目参与方划分，有业主进度计划、承包商进度计划、设计单位进度计划、物资供应单位进度计划等；②按项目阶段划分，有项目前期决策进度计划、勘察设计进度计划、施工招标进度计划、施工进度计划等；③按计划范围划分，有建设工程项目总进度计划，单项（单位）工程进度计划，分部、分项工程进度计划等；④按时间划分，有年度进度计划、季度进度计划、月度进度计划、周进度计划等。

(3) 制订项目进度计划的步骤

为满足项目进度管理和各个实施阶段项目进度控制的需要，同一项目通常需要编制各种项目进度计划。这些进度计划的具体内容可能不同，但其制订步骤却大致相似，一般包括收集信息资料、进行项目结构分解、项目活动时间估算、项目进度计划编制等步骤。为保证项目进度计划的科学性和合理性，在编制进度计划前，必须收集真实、可靠的信息资料，以作为编制计划的依据。这些信息资料包括项目开工及投产的日期；项目建设的地点及规模；设计单位各专业人员的数量、工作效率、类似工程的设计经历及质量；现有施工单位资质等级、技术装备、施工能力、类似工程的施工状况；国家有关部门颁发的各种有关定额等资料。

工作结构分解（WBS）是指根据项目进度计划的种类、项目完成阶段的分工、项目进度控制精度的要求，以及完成项目单位的组织形式等情况，将整个项目分解成一系列相关的基本活动。这些基本活动在进度计划中通常也被称为工作。项目活动时间估算是指在项目分解完毕后，根据每个基本活动工作量的大小、投入资源的多少及完成该基本活动的条件限制等因素，估算完成每个基本活动所需的时间。项目进度计划编制就是在上述工作的基础上，根据项目各项工作完成的先后顺序要求和组织方式等条件，通过分析计算，将项目完成的时间、各项工作的先后顺序、期限等要素用图表形式表示出来，这些图表即项目进度计划。

2. 项目进度计划的控制

项目进度计划的控制，是指制订项目进度计划以后，在项目实施工程中，对实施进展情况进行检查、对比、分析、调整，以确保项目进度计划总目标得以实现的活动。

在项目实施工程中，必须经常检查项目的实际进展情况，并与项目进度计划进行比较。如果实际进度与计划进度相符，则表明项目完成情况良好，进度计划总目标的实现有保证。如果实际进度已偏离了计划进度，则应分析产生偏差的原因和对后续工作及项目进度计划总目标的影响，找出解决问题的办法和避免进度计划总目标受影响的切实可行措施，并根据这些办法和措施，对原项目进度计划进行修改，使之符合现在的实际情况并保证原项目进度计划总目标得以实现。然后进行新的检查、对比分析、调整，直至项目最终完成。

三、工程项目进度管理的方法

（一）工程项目进度计划的表示方法

工程项目进度计划的主要表达形式有横道图、垂直图、网络图、进度曲线、里程碑计划、形象进度图等。这些进度计划的表达形式通常是相互配合使用，以供不同部门、层次的进度管理人员使用。

1. 横道图

横道图，也称甘特图，经长期应用与改进，已成为一种被广泛应用的进度计划表示方法。横道图的左边按活动的先后顺序列出项目的活动名称，右边是进度标，图上边的横栏表示时间，用水平线段在时间坐标下标出项目的进度线，水平线段的位置和长短反映该项目从开始至完工的时间。利用横道图可将每天、每周或每月实际进度情况定期记录在横道图上。如图 3-1 所示：

工程总工期8个月								
工程内容	1	2	3	4	5	6	7	8
临时工程								
农田水利工程								
田间道路工程								
其他工程								
竣工验收								

图 3-1　以横道图表示的进度计划

这种方法简单明了，易于掌握，便于检查和计算资源需求情况。然而这种方法也存在如下缺点：不能明确地反映出各项工作之间的逻辑关系；当一些工作不能按计划实施时，无法分析其对后续工作和总工期的影响；不能明确关键工作和关键线路。因此，难以对计划执行过程中出现的问题做出准确的分析，不利于调整计划，发掘潜力，进行合理安排，也不利于工期和费用的优化。

2. 垂直图

垂直图比较法以横轴表示时间，纵轴表示各工作累计完成的百分比或施工项目的分段，图中每一条斜线表示其中某一工作的实施进度。这种方法常用于具有重复性工作的工程项目（如铁路、公路、管线等）的进度管理。

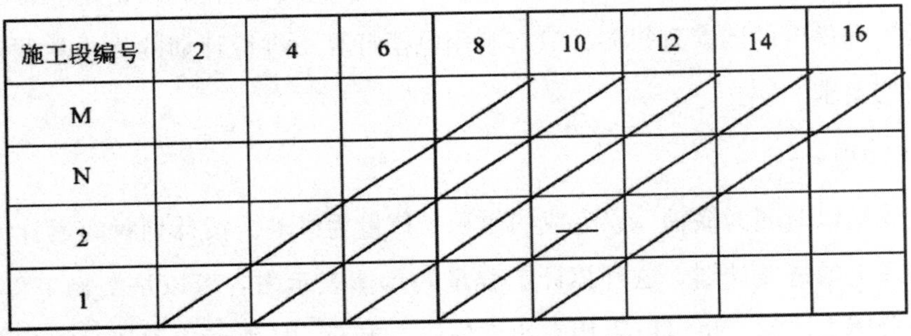

施工段编号	2	4	6	8	10	12	14	16
M								
N								
2								
1								

图 3-2 以垂直图表示的进度计划

3. 网络图

网络图是由箭线和节点组成的，用来表示工作流程的有向、有序网状图形。它首先将整个工程项目分解为一个个独立的子项作业任务（工作），然后按这些工作之间的逻辑关系，从左至右用节点和箭线连接起来，绘制成表示工程项目所包含的全部工作连接关系的网状图形。网络计划具有以下特点：

（1）网络计划能够明确表达各项工作之间的逻辑关系。所谓逻辑关系，是指各项工作的先后顺序关系。网络计划能够明确地表达各项工作之间的逻辑关系，对于分析各项工作之间的相互影响及处理其间的协作关系具有非常重要的意义，也是网络计划比横道计划先进的主要特征。

（2）通过网络计划时间参数的计算，可以找出关键线路和关键工作。在关键线路法（CPM）中，关键线路是指在网络计划中从起点节点开始，沿箭线方向通过一系列箭线与节点，最后到达终点节点为止所形成的通路上所有工作持续时间总和最大的线路。关键线路上各项工作持续时间总和即为网络计划的工期，关键线路上的工作就是关键工作，关键工作的进度将直接影响到网络计划的工期。通过时间参数的计算，能够明确网络计划中的关键线路和关键工作，也就明确了工程进度控制中的工作重点，这对提高建设工程进度控制的效果具有非常重要的意义。

（3）通过网络计划的时间参数的计算，可以明确各项工作的机动时间。所谓工作的机动时间，是指在执行进度计划时除完成任务所必需的时间外剩余的、可供利用的时间，亦称时差。在一般情况下，除关键工作外，其他各项工作均有富余时间。这种富余时间可视为一种“潜力”，既可以用来支援关键工作，也可以用来优化网络计划，降低单位时间资源需求量。

（4）网络计划可以利用电子计算机进行计算、优化和调整。对进度计划进行优化和调整是工程进度控制工作中的一项重要内容。仅靠手工计算、优化和调整是非常困难的，加之影响建设工程进度的因素有很多，只有利用电子计算机进行计划的优化和调整，才能适应实际变化的要求。

4. 进度曲线

进度曲线是以时间为横轴，以完成的累积工作量为纵轴，按计划时间累计完成任务量的曲线作为预定的进度计划。这种累计工程量的具体表示内容可以是实物工程量的大小、工时消耗或费用支出额，也可以用相应的百分比来表示。从整个工程的时间范围来看，由于工程项目在初期和后期单位时间投入的资源量较少，中期投入较多，因而累计完成的任务量呈 S 形，也称 S 曲线。

5. 里程碑计划

里程碑计划是在横道图上标示出一些关键事项，这些事项能够被明显地确认，一般用来反映进度计划执行中各个施工子项目或施工阶段的目标。通过这些关键事项在一定时间内的完成情况可反映工程项目进度计划的进展情况，因而这些关键事项被称为里程碑。如在小浪底水利枢纽工程中，承包商在进度计划中确定了 13 个完工日期和最终完工日期作为工程里程碑，目标明确，便于控制工程进度，也使工程总进度目标的实现建立在可靠的基础上。里程碑需要与横道图和网络图结合使用。

6. 形象进度图

结合工程特点绘制进度计划图，如隧洞开挖与衬砌工程，可以在隧洞示意图上以不同颜色或标记表示工程进度。形象进度图的主要特点是形象、直观。

（二）工程项目进度控制方法

项目进度计划实施过程中的控制方法就是上述动态控制方法。即以项目进度计划为依据，在实施过程中不断跟踪检查实施情况，收集有关实际进度的信息，比较和分析实际进度与计划进度的偏差，找出偏差产生的原因和解决办法，确定调整措施，对原进度计划进行修改后再予以实施。随后继续检查、分析、修正；再检查、分析、修正……直至项目最终完成。整个项目实施过程都处在动态的检查修正过程之中。要求项目不折不扣地按照原定进度计划实施的做法是不现实的，也是不科学的。所以，只能在不断检查分析调整中来对项目进度计划的实施加以控制，以保证其最大限度地符合变化后的实施条件，并最终实现项目进度计划总目标。

第二节 网络计划技术的主要种类

一、网络计划的种类

按结构和功能划分，网络计划可分为以下三类：

（一）肯定性网络

网络图的结构形式和时间参数都是肯定性的，如 CPM 网络计划。

（二）概率性网络

网络图的结构形式是肯定性的，而时间参数是非肯定性的，如 PERT 网络计划；或者网络图的结构形式是非肯定性的，而时间参数是肯定性的，如 D-CPM 网络计划。

（三）随机性网络

网络图的结构形式和时间参数都是随机性的，如 GERT 网络计划和 VERT 网络计划。

CPM 网络计划按网络图的形式可划分为两种，即双代号网络计划（A-On-A）：网络图以箭线表示工作，用两个代号代表一项工作。单代号网络计划（A-On-n）：网络图以节点表示工作，用一个代号代表一项工作。

二、网络图的绘制

（一）网络图的构成

1. 双代号网络图（A-On-A）的构成

双代号网络图以箭线表示工作，节点表示工作之间的连接，一项工作由两个代号代表，如图 3-3 所示：

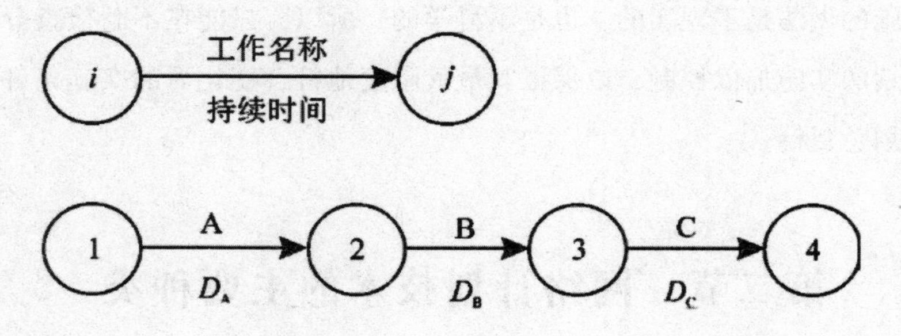

图 3-3 双代号网络图

①→②箭线表示工作 A，②→③箭线表示工作 B，③→④箭线表示工作 C，工作名称标注在箭线的上方。每个工作都有持续时间（完成该项工作所需要的时间）和资源数量值（完成该项工作所需要的资源数量），这些数值标注在箭线的下方。A 工作的历时（完成 A 工作所需要的持续时间）为 D_A，B 工作的历时为 D_B，C 工作的历时为 D_C，任一工作的箭尾节点表示该工作的开始时刻，箭头节点表示该工作的完成时刻。在图 3-3 中，节点 1 是 A 工作的开始时刻，节点 2 是 A 工作的完成时刻，同时是 B 工作的开始时刻；节点 3 是 B 工作的完成时刻，同时是 C 工作的开始时刻。节点 2 连接 A 和 B 两项工作，表示 A 工作与 B 工作间的关系；节点 3 连接 B 和 C 两项工作，表示 B 工作与 C 工作之间的关系。其含义是 A 工作完成，B 工作开始；B 工作完成，C 工作开始，或者说 B 工作与 C 工作开始时必须 A 工作完成，C 工作开始时必须 B 工作完成。这就是网络图逻辑关系严格性的体现。节点不仅表示工作之间的联系，还具有状态含义，既是前一工作的完成，又是后一工作的开始，具有时间概念，故节点又称事件。

综上所述，双代号网络图的基本构成是箭线、节点和线路，通过箭线的箭头方向和节点的连接，表明工作的顺序和流向。

2. 单代号网络图（A-on-n）的构成

单代号网络图以节点表示工作，箭线表示工作间的连接，一项工作由一个代号代表，如图 3-4 所示。1 节点表示工作 A，2 节点表示工作 B，3 节点表示工作 C。工作名称、代号、历时皆标注在节点上。节点通过箭线连接成线路①→②→③，箭线只起到两项工作的逻辑连接作用，无时间含义。单代号网络图的基本构成也是节点、箭线和线路，并按箭线的箭头方向表明工作的顺序和流向。

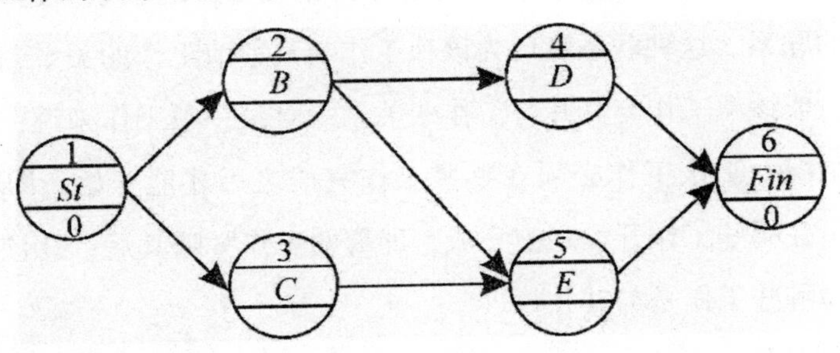

图 3-4　单代号网络图

无论是双代号网络图，还是单代号网络图，都是有向有序的连通图。双代号网络图与单代号网络图在使用上各有优缺点。双代号网络图逻辑关系表达清楚，可以画成具有时间坐标的时标网络图，应用普遍。但当逻辑关系复杂时，需要加入虚工作，增加了画图与运算的复杂性。单代号网络图绘图方便、易于修改，不需要加入虚工作，但图形比前者复杂，计算输入量较前者大，计算时间较长。

（二）网络图的绘制

绘制网络图是编制网络计划的基础。网络图可以用手工绘制，也可以用计算机操作在绘图仪上绘制。一般而言，小型工程项目可用手工绘图，大中型工程项目则应该用计算机绘图。无论是手工绘图还是计算机绘图，都应首先正确地确定构成计划的各项工作间的相互联系和制约关系——逻辑关系，在此基础上才能画出反映工程实际的网络图。

1. 双代号网络图的绘制

（1）确定逻辑关系

逻辑关系是指各项工作之间客观存在的一种先后顺序关系。这种关系有两类：一类是工艺关系，另一类是组织关系。工艺关系是由施工工艺所确定的各工作间的先后顺序关系，它受客观规律的支配，一般是不能人为更改的，它与工程的特点、建筑物的结构形式、施工方法有关。例如钢筋混凝土工程，按其工艺必须先架立模板，其次是放置钢筋骨架，最后浇筑混凝土。这一先后顺序是由钢筋混凝土施工工艺所决定的。组织关系是由于资源的限制、组织与安排的需要、自然条件的影响、领导者的意图等形成的工作间的先后顺序关系，这种关系不是由工程本身所决定的，而是人为的。不同的组织方式会形成不同的组织关系，这种关系不但可以调整而且可以优化。例如采用分段流水作业施工就是反映施工的组织关系。所以，在绘制网络图时，应根据施工工艺和施工组织的要求，正确地反映各工作间的逻辑关系。

确定逻辑关系是对每一项工作逐一地确定与其相关工作的联系。这种联系是二元的，即指两两工作间的联系。这种联系表现为该项工作与其紧前工作的关系，或该项工作与其紧后工作的关系，或该项工作与其并行工作的关系。对某一项工作来说，确定其逻辑关系应考虑以下三种情况：①该工作必须在哪些工作完成之后才能开始，即哪些工作在其之前；②该工作必须在哪些工作开始之前完成，即哪些工作紧随其后；③该工作可以与哪些工作同时进行，即哪些工作是与其并行。

（2）虚箭线的使用

在双代号网络图中，为了正确反映工作间的逻辑关系，有时需要引入虚箭线（箭线用虚线画出）或称虚工作，使相关的工作联系起来，使不相关的工作不发生联系。虚箭线不具有任何实际工作的意义，并且不消耗任何时间和资源量，它只反映工作间的逻辑连接。在双代号网络图中，使用虚箭线是为了正确地表达工作之间的逻辑连接，但是虚箭线的使用将会增加绘图和计算的工作量以及编制网络计划的时间，因此，应尽可能少、恰到好处地使用虚箭线。

（3）基本绘图规则

在绘制双代号网络图时，一般应遵循以下基本规则：①网络图必须按照已定的逻辑关系绘制。由于网络图是有向、有序网状图形，所以必须严格按照工作之间的逻辑关系绘制，这也是保证工程质量和资源优化配置及合理使用所必需的。②网络图中禁止从一个节点出发，顺箭头方向又回到原出发点的循环回路。如果出现循环回路，会造成逻辑关系混乱，使工作无法按顺序进行。③网络图中的箭线（包括虚箭线，以下同）应保持自左向右的方向，不应该出现箭头指向左方的水平箭线和箭头偏向左方的斜向箭线。若遵循该规则绘制网络图，不会出现循环回路。④网络图中严禁出现双向箭头和无箭头的连线。⑤网络图中严禁出现没有箭尾节点的箭线和没有箭头节点的箭线。⑥禁止在箭线上引入或引出箭线。但当网络图的起点节点有多条箭线引出（外向箭线）或终点节点有多余箭线引入（内向箭线）时，为使图形简洁，可用母线法绘图，即将多项箭线经一条共用的垂直线段从起点节点引出，或将多条箭线经一条共用的垂直线段引入终点节点。对于特殊线型的箭线，如粗箭线、双箭线、虚箭线、彩色箭线等，可在从母线上引出的支线上标出。⑦应尽量避免网络图中工作箭线的交叉。当交叉不可避免时，可以采用过桥法或指向法处理。

⑧网络图中应只有一个起点节点和一个终点节点（任务中部分工作需要分期完成的网络计划除外）。除网络图的起点节点和终点节点外，不允许出现没有外向箭线的节点和没有内向箭线的节点。

（4）绘制网络图

一般利用计算机进行网络分析，则人们仅须将工程活动的逻辑关系输入计算机。计算机可以自动绘制网络图，并进行网络分析。但有些小的项目或一些子网络仍需要人工绘制和分析。在双代号网络的绘制过程中有效且灵活地使用虚箭线是十分重要的。双代号网络的绘制容易出现逻辑关系的错误，防止错误的关键是正确使用虚箭线。一般先按照某个活动的紧前活动关系多加虚箭线，以防止出错。待将所有的活动箭线画完后再进行图形整理，可将多余的箭线删除。在绘制网络图时，要始终记住绘图规则。当遇到工作关系比较复杂时，要尝试进行调整，如箭线的相互位置、增加虚箭线等，最重要的是满足逻辑关系。当网络图初步绘成后，要在满足逻辑关系的前提下，对网络图进行调整。要熟练绘制双代号网络图，必须多加练习。

2. 单代号网络图的绘制

单代号网络图各工作间的逻辑关系，依然是根据工程项目施工的工艺关系和组织关系的先后顺序来确定。逻辑关系的确定方法与双代号网络图相同。绘制单代号网络图的基本规则与绘制双代号网络图有两点不同：一是单代号网络图没有虚箭线；二是在绘制单代号网络图时，若在开始和结束的一些工作（两个或两个以上的工作）没有必要的逻辑关系时，必须在开始和结束处增加一个虚拟的起始节点和一个虚拟的结束节点，以表示网络图的开始和结束，以便进行时间参数的推算。

单代号网络图以节点表示工作。各项工作按逻辑关系的顺序以节点表示后，用箭线连接起来，即单代号网络图。其编号采用数字连续向前的编号方法，并遵循 $i < j$ 的规定，i 和 j 分别表示箭尾、箭头两项工作，单代号网络图绘制比较简单且不容易出现错误。

三、网络计划的时间参数计算和关键线路确定

（一）网络计划的时间参数

所谓的时间参数，是指网络计划、工作及节点所具有的各种时间值。

1. 工作持续时间和工期

(1) 工作持续时间

工作持续时间是指一项工作从开始到完成的时间。在双代号网络计划中，工作 $i-j$ 持续时间用 D_{i-j} 表示，在单代号网络图计划中，工作 i 的持续时间用 D_i 表示。在网络计划中，各项工作的持续时间是计算网络计划时间参数的基础，所以应首先确定各项工作的持续时间。对于一般肯定型网络计划，工作持续时间的确定方法有：参照以往时间经验估算、经过试验估算、通过定额进行计算。

(2) 工期

工期泛指完成一项任务所需要的时间。在网络计划中，工期一般有以下三种：

A. 计算工期：是根据网络计划时间参数计算而得到的工期，用 Tc 表示。

B. 要求工期：是任务委托人所提出的指令性工期，用 Tr 表示。

C. 计划工期：是指根据要求工期和计算工期所确定的作为实施目标的工期，用 Tp 表示。当已规定了要求工期时，计划工期不应超过要求工期，即 $Tp \leqslant Tr$ ；当未规定要求工期时，可令计划工期等于计算工期，即 $Tp = Tr$ 。

2. 节点的时间参数

(1) 节点最早时间

节点最早时间是指在双代号网络计划中，以该节点为开始节点的各项工作的最早完成时间。节点 i 的最迟时间用 ETi 表示。

(2) 节点最迟时间

节点最迟时间是指在双代号网络计划中，以该节点为开始节点的各项工作的最迟完成时间。节点 i 的最迟时间用 LTi 表示。

3. 工作时间参数

除工作持续时间外，网络计划中工作的六个时间参数是：最早开始时间、最早完成时间、最迟完成时间、最迟开始时间、总时差和自由时差。

(1) 最早开始时间和最早完成时间

工作的最早开始时间是指在其所有紧前工作全部完成后，本工作有可能开始的最早时刻。工作的最早完成时间是指在其所有紧前工作全部完成后，本工作有可能完成的最早时刻。工作的最早完成时间等于本工作的最早开始时间与其持续时间之和。

在双代号网络计划中，工作 $i-j$ 的最早开始时间和最早完成时间分别用 LF_{ij} 和 LS_{ij} 表示；在单代号网络计划中，工作的最迟完成时间和最迟开始时间分别用 LF_i 和 LS_i 表示。

（2）最迟完成时间和最迟开始时间

工作的最迟完成时间是指在不影响整个任务按期完成的前提下，本工作必须完成的最迟时刻。工作的最迟开始时间是指在不影响整个任务按期完成的前提下，本工作必须开始的最迟时刻。工作的最迟开始时间等于本工作的最迟完成时间与其持续时间之差。

在双代号网络计划中，工作 $i-j$ 的最迟完成时间和最迟开始时间分别用 TF_{i-j} 和 FF_{i-j} 表示；在单代号网络计划中，工作的最迟完成时间和最迟开始时间分别用 TF_j 和 FF_r 表示。

（3）总时差和自由时差

工作的总时差指在不影响总工期的前提下，本工作可以利用的机动时间。

工作的自由时差是指在不影响其今后工作最早开始时间的前提下，本工作可以利用的机动时间。

在双代号网络计划中，工作 $i-j$ 的总时差和自由时差分别用 TF_{i-j} 和 FF_{i-j} 表示；在单代号网络计划中，工作 i 的总时差和自由时差分别用 TF_i 和 FF_r 表示。

4. 相邻两项工作之间的时间间隔

相邻两项工作之间的时间间隔是指本工作的最早完成时间与其紧后工作最早开始时间之间可能存在的差值。工作 i 与工作 j 之间的时间间隔 $LAG_{i,\ j}$ 表示。

（二）双代号网络计划时间参数计算

网络计划时间参数的计算有分析计算法、图上计算法、表上计算法、节点标注法，各种计算方法的原理基本相同。这里主要介绍图上计算法。

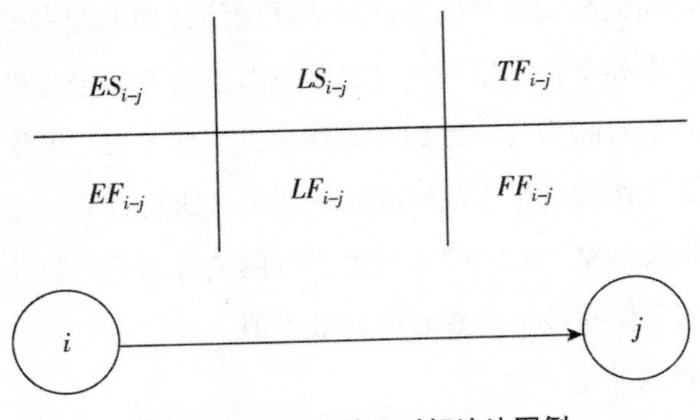

图 3-5 图上计算六时标注法图例

1. 图上计算法的标注与计算公式

图上计算法一般采用“六时标注法”，如图 3-5 所示。

2. 计算实例

下面以图 3-6 所示双代号网络计划为例，说明按图上计算法计算时间参数的过程。其计算结果如图 3-7 所示。

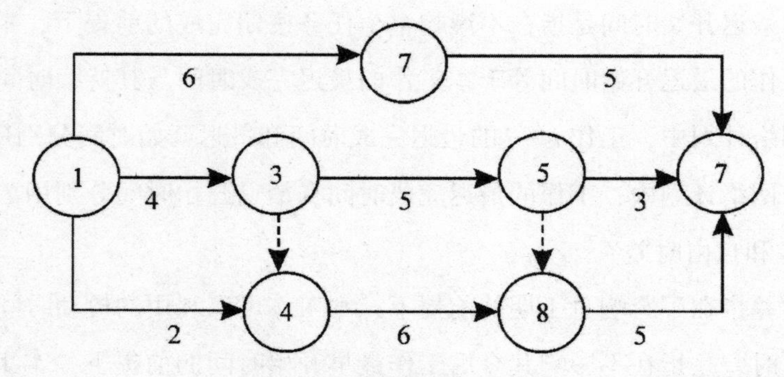

图 3-6 双代号网络计划

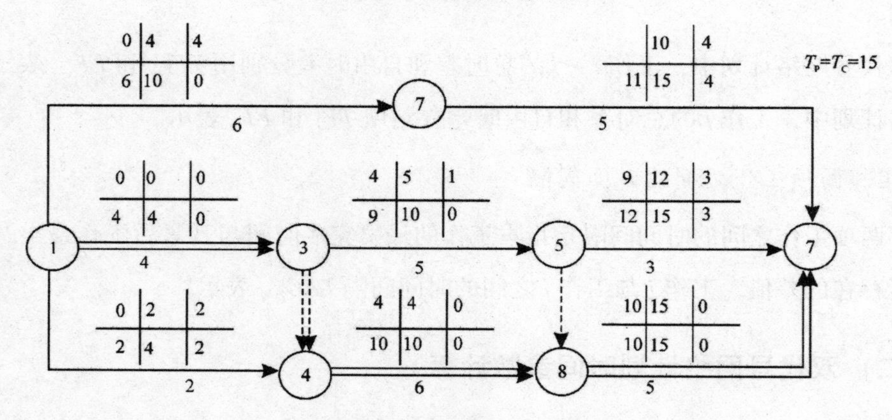

图 3-7 双代号网络计划（六时标注法）

（1）计算工作的最早开始时间和最早完成时间

工作最早开始时间和最早完成时间的计算应从网络计划的起点节点开始，顺着箭线方向依次进行，其计算步骤如下：①以网络计划起点节点为开始节点的工作，当未规定最早开始时间时，其最早开始时间为零。例如在本例中，工作 1-2、工作 1-3 和工作 1-4 的最早开始时间都是零。②工作的最早完成时间可利用公式进行计算。③其他工作的最早开始时间应等于其紧后工作最早完成时间的最大值。④网络计划的计算工期应等于以网络计划终点节点为完成节点的工作的最早完成时间的最大值。

（2）确定网络计划的计划工期

网络计划的计划工期应按公式确定。假设未规定要求工期，则其计划工期等于计算工期，即：

$$T_p = T_c = 15 \tag{3-1}$$

计划工期应标注在网络计划终点节点的右上方。

（3）计算工作的最迟完成时间和最迟开始时间

工作最迟完成时间和最迟开始时间的计算应从网络计划的终点节点开始，逆着箭线方向依次进行。其计算步骤如下：

①以网络计划终点节点为完成节点的工作，其最迟完成时间等于网络计划的计划工期，即：

$$LF_{i-n} = T_p \tag{3-2}$$

式中，LF_{i-n} 为以网络计划终点节点 n 为完成节点的工作的最迟完成时间；T_p 为网络计划的计划工期。

②工作的最迟开始时间可利用公式进行计算，即：

$$LS_{i-j} = LF_{i-j} - D_{i-j} \tag{3-3}$$

式中，LS_{i-j} 为工作 i – j 的最迟开始时间；LF_{i-j} 为工作 i – j 的最迟完成时间；D_{i-j} 为工作 i – j 的持续时间。

③其他工作的最迟完成时间应等于其紧后工作最迟开始时间的最小值，即：

$$LF_{i-j} = \min\{LS_{j-k}\} = \max\{LF_{j-k} - D_{j-k}\} \tag{3-4}$$

式中：LF_{i-j} 为工作 i – j 的最迟完成时间；LS_{j-k} 为工作 i – j 的紧后工作 $j-k$（非虚工作）的最迟开始时间；LF_{j-k} 为工作 i – j 的紧后工作（非虚工作）的最迟完成时间；D_{j-k} 为工作 $i-j$ 的紧后工作 $j-k$（非虚工作）的持续时间。

④计算工作的总时差

工作的总时差等于该工作最迟完成时间与最早完成时间之差，或该工作最迟开始时间与最早开始时间之差，即：

$$TF_{i-j} = LS_{i-j} - ES_{i-j} = LF_{i-j} - EF_{i-j} \tag{3-5}$$

式中：TF_{i-j} 为工作 $i-j$ 的总时差；其他符号同前。

⑤计算工作的自由时差

工作自由时差的计算应按以下两种情况分别考虑：

a. 对于有紧后工作的工作，其自由时差等于本工作之紧后工作最早开始时间与本工作最早完成时间所得之差的最小值，即：

$$FF_{i-j} = \min\{ES_{j-k} - EF_{i-j}\} = \min\{ES_{j-k} - ES_{i-j} - D_{i-j}\} \tag{3-6}$$

式中：FF_{i-j} 为工作 i – j 的自由时差；ES_{j-k} 为工作 $i-j$ 的紧后工作 $j-k$（非虚工作）的最早开始时间；ES_{i-j} 为工作 i – j 的最早开始时间；D_{i-j} 为工作 i – j 的持续时间。

b. 对于无紧后工作的工作，也就是以网络计划终点节点为完成节点的工作，其自由时差等于计划工期与本工作最早完成时间之差，即：

$$FF_{i-n} = T_p - EF_{i-n} = T_p - E_{i-n} - D_{i-n} \quad (3-7)$$

式中：FF_{i-n} 为以网络计划终点节点 n 为完成节点的工作 $i-n$ 的自由时差；T_p 为网络计划的计划工期；EF_{i-n} 为以网络计划终点节点 n 为完成节点的工作 $i-n$ 的最早完成时间；ES_{i-n} 为以网络计划终点节点为 n 完成节点的工作 $i-n$ 的最早开始时间；D_{i-n} 为以网络计划终点节点 n 为完成节点的工作 $i-n$ 的持续时间。

⑥确定关键工作和关键线路

在网络计划中，总时差最小的工作为关键工作。特别是当网络计划的计划工期等于计算工期时，总时差为零的工作就是关键工作。例如，在本例中，工作 1-3、工作 4-6 和工作 6-7 的总时差均为零，故它们都是关键工作。

找出关键工作之后，将这些关键工作首尾相连，便至少构成一条从起点节点到终点节点的通路，就是关键线路。在关键线路上可能有虚工作存在。

关键线路一般用粗箭线或双箭线标出，也可以用彩色箭线标出。例如，在本例中，线路⑦—③—④—⑥—⑦即为关键线路。

3. 单代号网络图时间参数的计算

单代号网络图的各个时间参数的计算方法与双代号网络图方法基本相同。单代号网络图计算示例参见图 3-8。其中，$LAA_{i,\ j}$ 可根据公式计算，$LAG_{i,\ j} = ES_j - EF_i$ 。

式中，$LAG_{i,\ j}$ 为工作 i 与紧后工作 j 之间的时间间隔，ES_j 为工作 i 的紧后工作 j 的最早开始时间；EF_i 为工作 i 的最早完成时间。

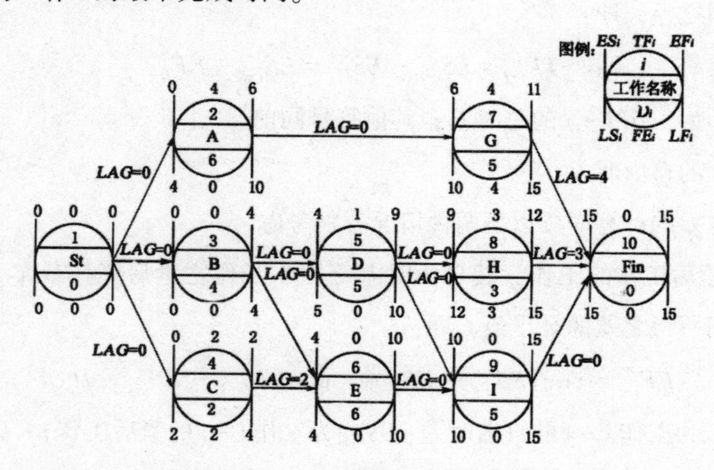

图 3-8　单代号网络计划时间参数图上计算法

四、双代号时标网络计划

（一）基本概念

双代号时标网络计划，简称时标网络计划，必须以水平时间坐标为尺度表示工作时间，时标的时间单位应根据需要在编制网络计划之前确定，可以是小时、天、周、月或季度等。在时标网络计划中，以实箭线表示工作，实箭线的水平投影长度表示该工作的持续时间；以虚箭线表示虚工作，由于虚工作的持续时间为零，故虚箭线只能垂直画；以波形线表示工作与其紧后工作的时间间隔（以终点节点为完成节点的工作除外，当计划工期等于计算工期时，这些工作箭线中波形线的水平投影长度表示其自由时差）。

时标网络计划既具有网络计划的优点，又具有横道图计划直观易懂的优点，它将网络计划的时间参数直观地表达出来。

（二）时标网络计划的绘图方法

时标网络计划有两种绘图方法：间接绘制法（先算后绘）、直接绘制法。下面以间接绘制法介绍时标网络计划的绘制步骤。

时标计划一般作为网络计划的输出计划，可以根据时间按参数的计算结果将网络计划在时间坐标中表达出来，根据时间参数的不同，分为早时标网络和迟时标网络。因早时标用得比较多，这里只介绍早时标网络的绘制方法。

（1）先绘制无时标网络图，采用图上计算法计算每项工作或路径的时间，按参数及计算工期，找出关键工作及关键线路，如图 3-9 所示：

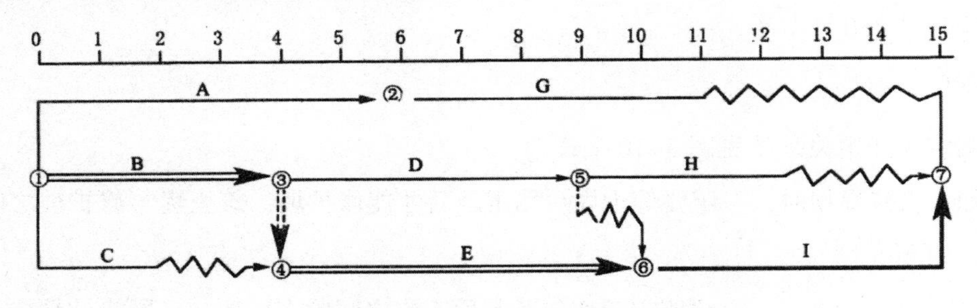

图 3-9 双代号早时标网络计划

（2）按计算工期的要求绘制时标网络计划；

（3）基本按原计划的布局将关键线路上的节点及关键工作标注在时标网络计划上；

（4）将其他各节点按节点的最早开始时间定位在时标网络计划上；

（5）从开始节点开始，用实箭线并按持续时间要求绘制各项非关键工作，用虚箭线绘制无时差的虚工作（垂直工作）。如果实箭线或垂直的虚箭线不能将非关键工作或虚工作的开始节点与结束节点衔接起来，对非关键工作用波形线在实箭线后进行衔接，对虚工作用波形线在垂直虚箭线后或两垂直虚箭线之间进行衔接。关键工作的波形线的长度即其自由时差。

五、单代号搭接网络计划

（一）基本概念

在上述双代号、单代号网络图中，工作之间的逻辑关系都是一种衔接关系，即只有当其紧前工作全部完成之后，本工作才能开始。但在工程建设实践中，有许多工作的开始并不以其紧前工作的完成为条件。只要其紧前工作开始一段时间后，即可进行本工作，而不需要等其紧前工作全部完成之后再开始。工作之间的这种关系被称搭接关系。

如果用上述简单的网络图来表示工作之间的搭接关系，将使网络计划变得更加复杂。为了简单、直接地表达工作之间的搭接关系，使网络计划的编制得到简化，便出现了搭接网络计划。搭接网络计划一般都采用单代号网络图的表示方法，即以节点表示工作，以节点之间的箭线表示工作之间的逻辑顺序和搭接关系。

（二）搭接关系

在搭接网络计划中，工作之间的搭接关系是由相邻两项工作之间的不同时距决定的。所谓时距，是在搭接网络计划中相邻两项工作之间的时间差值。单代号搭接网络图的搭接关系主要有以下五种形式：

1. FTS

即结束—开始关系［见图 3-10（a）］。

例如，在修堤坝时，一定要等土堤自然沉降后才能修护坡，筑土堤与修护坡之间时间就是 FTS 时距。

当 FTS 时距为零时，就说明本工作与其紧后工作之间紧密衔接。当网络计划中所有相邻工作只有 FTS 一种搭接关系且时距为零时，整个搭接网络计划就称为前述的单代号网络计划。

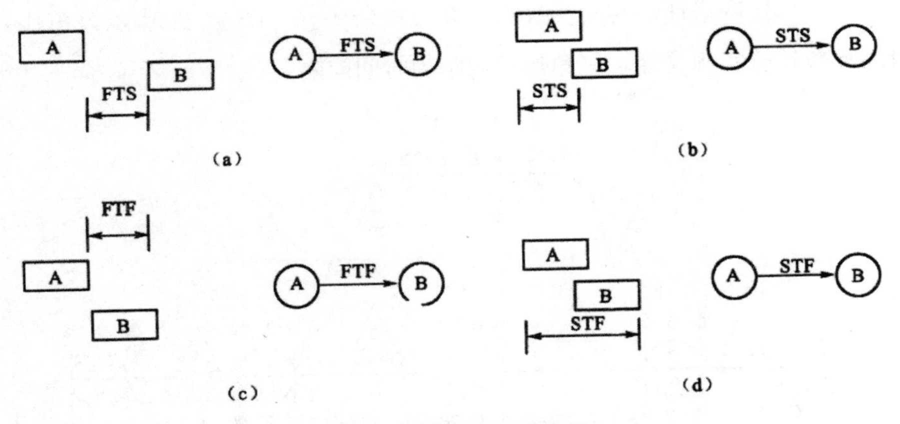

图 3-10 搭接关系示意图

(a) FTS 搭接关系表达方式；(b) STS 搭接关系表达方式

(c) FTF 搭接关系表达方式；(d) STF 搭接关系表达方式

2. STS

即开始-开始关系［见图 3-10（b）］。

例如，在道路工程中，当路基铺设工作开始一段时间为路面浇筑工程创造一定条件之后，路面浇筑工作即可开始，路基铺设工作与路面浇筑工作在开始时间上的差值就是 STS 时距。

3. FTF

即结束—结束关系［见图 3-10（c）］。

例如，在前述道路工程中，如果路基铺设工作的进展速度小于路面浇筑工程的进展速度，须考虑为路面浇筑工程留有充分的工作面；否则，路面浇筑工作将因没有工作面而无法进行。即铺设工作与路面浇筑工作在完成时间上的差值就是 FTF 时距。

4. STF

即开始—结束关系［见图 3-10（d）］。

5. 混合时距

例如，两项工作之间 STS 与 FTF 同时存在。

（三）单代号搭接网络计划时间参数计算

单代号搭接网络计划时间参数计算同样包括最早时间的计算、最迟时间的计算和时差的计算。计算单点与双代号网络计划时间参数的计算类似。但是由于各工作之间搭接关系的缘故，单代号搭接网络计划时间参数的计算要复杂一些。图 3-11 所示是单代号搭接网络计划时间参数计算实例（注：三角形中数字为时间间隔）。

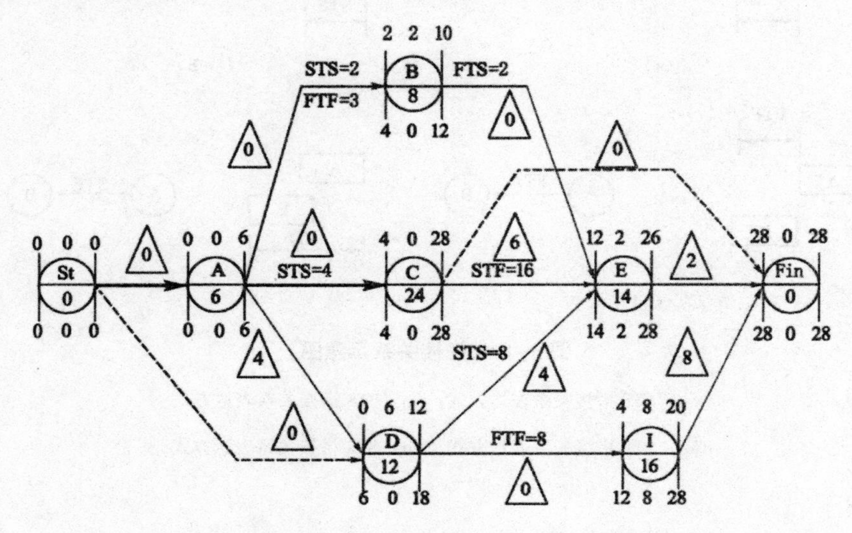

图 3-11　单代号搭接网络计划时间参数计算

第三节　PERT 网络计划技术

一、PERT 网络计划技术基本概念

在此基础上计算的网络计划的技术工期也是一个肯定值，所以 CPM 网络计划是肯定型网络计划。有些工程项目的工作持续时间不能或很难以一个肯定的时间确定，而是以一个具有某种概率分布的持续时间来描述。例如，承担一项新开发的项目，或者承包一项过去没有做过的工程，缺少或不具备完成这个项目的充分资料和经验，就不可能确定对这个项目各项工作的肯定的持续时间。因此，就出现了 PERT（计划评审技术）网络计划。

PERT 即计划评审技术，简单地说，PERT 是利用网络分析制订计划以及对计划予以评价的技术。它能协调整个计划的各道工序，合理安排人力、物力、时间、资金，加速计划的完成。在现代计划的编制和分析手段上，PERT 被广泛地使用，是现代化管理的重要手段和方法。

PERT 网络是一种类似流程图的箭线图。它描绘出项目包含的各种活动的先后次序，标明每项活动的时间或相关的成本。对于 PERT 网络，项目管理者必须考虑要做哪些工作，确定时间之间的依赖关系，辨认出潜在的可能出问题的环节，借助 PERT 还可以方便地比较不同行动方案在进度和成本方面的效果。

构造 PERT 图，需要明确三个概念：事件、活动和关键路线。

事件（Events）表示主要活动结束的那一点。

活动（Activities）表示从一个事件到另一个事件之间的过程。

关键路线（Critical Path）是 PERT 网络中花费时间最长的事件和活动的序列。

二、PERT 的基本要求

（1）完成既定计划所需要的各项任务必须全部以足够清楚的形式表现在由事件与活动构成的网络中。事件代表特定计划在特定时刻完成的进度。活动表示从一个事件进展到下一个事件所必需的时间和资源。应当注意的是，事件和活动的规定必须足够精确，以免在监视计划实施进度时发生困难。

（2）事件和活动在网络中必须按照一组逻辑法则排序，以便把重要的关键路线确定出来。这些法则包括后面的事件在其前面的事件全部完成之前不能认为已经完成，不允许出现“循环”，就是说，后继事件不可有导回前一事件的活动联系。

（3）网络中每项活动可以有三个估算时间。就是说，由最熟悉有关活动的人员估算出完成每项任务所需要的最乐观、最可能和最悲观的三个时间。用这三个时间估算值来反映活动的“不确定性”，在研制计划和非重复性的计划中引用三个时间估算是鉴于许多任务所具有的随机性质。但是应当指出的是，为了关键路线的计算和报告，这三种时间估算应当简化为一个期望值和一个统计方差 σ^2，否则就要用单一时间估算法。

（4）需要计算关键路线和宽裕时间。关键路线是网络中期望时间最长的活动与事件序列。宽裕时间是完成任一特定路线所要求的总的期望时间与关键路线所要求的总的期望时间之差。这样，对于任一事件来说，宽裕时间就能反映存在于整网络计划中的多余时间的长短。

三、PERT 的计算特点

PERT 首先是建立在网络计划基础之上的，其次是工程项目中各个工序的工作时间不确定，过去通常对这种计划只是估算一个时间，到底完成任务的把握有多大，决策者心中无数，工作处于一种被动状态。在工程实践中，由于人们对事物的认识受到客观条件的制约，通常在 PERT 中引入概率计算方法，由于组成网络计划的各项工作可变因素多，不具备一定的时间消耗统计资料，因而不能确定出肯定的单一的时间值。

在 PERT 中，假设各项工作的持续时间服从 β 分布，近似地用三时估算法估算出三个时间值，即最短、最长和最可能的持续时间，再加权平均算出一个期望值作为工作的持续时间。在编制 PERT 网络计划时，把风险因素引入 PERT 中，人们不得不考虑按 PERT 网络计划在指定的工期下，完成工程任务的可能性有多大，即计划的成功概率、计划的可靠度，这就必须对工程计划进行风险估算。

在绘制网络图时必须将非肯定型转化为肯定型，把三时估算变为单一时间估算，其计算公式为：

$$t_i = \frac{a_i + 4c_i + b_i}{6} \tag{3-8}$$

式中：t_i —— i 工作的平均持续时间；

a_i —— i 工作最短持续时间（亦称乐观估算时间）；

b_i —— i 工作最长持续时间（亦称悲观估算时间）；

c_i —— i 工作正常持续时间，可由施工定额估算。

其中，a_i 和 b_i 两种工作的持续时间一般由统计方法进行估算。

三时估算法把非肯定型问题转化为肯定型问题来计算，用概率论的观点分析，其偏差仍不可避免，但趋向总是有明显的参考价值，当然，这并不排斥每个估算都尽可能做到精确的程度。为了进行时间的偏差分析（分布的离散程度），可用方差估算：

$$\sigma_i^2 = \left(\frac{b_i - a_i}{6}\right)^2 \tag{3-9}$$

式中：σ^i 为 i 工作的方差。

标准差：

$$\sigma_i = \sqrt{\left(\frac{b_i - a_i}{6}\right)^2} = \frac{b_i - a_i}{6} \tag{3-10}$$

网络计划按规定日期完成的概率，可通过下面的公式和查函数表求得：

$$\lambda = \frac{Q - M}{\sigma} \tag{3-11}$$

式中：Q ——网络计划规定的完工日期或目标时间；

M ——关键线路上各项工作平均持续时间的总和；

σ ——关键线路的标准差；

λ ——概率系数。

四、PERT 网络分析法的工作步骤

开发一个 PERT 网络要求管理者确定完成项目所需的所有关键活动，按照活动之间的依赖关系排列它们之间的先后次序，以及估算完成每项活动的时间。这些工作可以归纳为五个步骤：

（1）确定完成项目必须进行的每一项有意义的活动，完成每项活动都产生事件或结果。

（2）确定活动完成的先后次序。

（3）绘制活动流程从起点到终点的图形，明确表示出每项活动及与其他活动的关系，用圆圈表示事件，用箭线表示活动，结果得到一幅箭线流程图，我们称之为 PERT 网络。

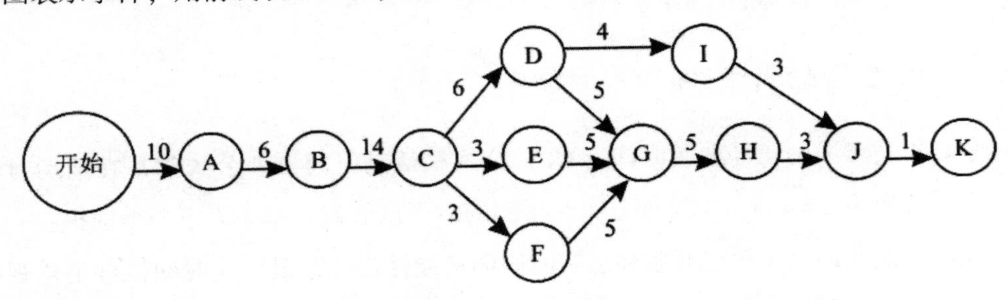

图 3-12　箭线流程图

（4）估算每项活动的完成时间。

（5）借助包含活动时间估算的网络图，管理者能够制订出包括每项活动开始和结束日期的全部项目的日程计划。在关键路线上没有松弛时间，沿关键路线的任何延迟都直接延迟整个项目的完成期限。

五、PERT 网络分析法的改进

β 分布及其性质

β 分布是定义在区间（0，1）上的一个连续性随机变量，它的概率密度函数为 $f(x)=\frac{x^{p-1}(1-x)^{q-1}}{B(p,q)}$，$x\in(0,1)$，其中 p，q 为 β 分布的两个形状参数，$B(p,q)$ 是以 p，q 为参数的 β 函数，虽然 β 分布定义在（0，1）区间上，但经过仿射变换 $Y=a+(b-a)X$，可以使 β 分布定义在任何有限区间（a，b）上。B 分布的灵活性极大，它可以用于通常发生的许多形式。例如，区间（a，b）上的均匀分布就是参数 $p=1$，$q=1$ 的 β 分布，当参数 p 与 q 都趋于无穷时，β 分布就趋于退化分布，此时，计划评审技术的时间估算就为准确

的时间预计，从而就可以用关键路线法（CPM）去解决有关问题。β分布具有以下性质：

性质1：若随机变量 X 服从（0，1）区间上的参数为 p，q 的β分布，则 $E(X)=\frac{p}{p+q}$，$Var(X)=\frac{pq}{(p+q)^2(p+q+1)}$。

性质2：若随机变量 X 服从（0，1）区间上的参数为 p，q 的β分布，则随机变量 X 最有可能的取值为 $X_0=p-1p+q-2$。

随机变量 X 服从（0，1）区间上的参数为 p，q 的β分布，若 $Y=a+(b-a)X$，则称 Y 服从（a，b）区间上的参数为 p，q 的β分布。

性质3：若随机变量 Y 服从（a，b）区间上的参数为 p，q 的β分布，则 $E(Y)=\frac{aq+bp}{p+q}$，$Var(Y)=\frac{(b-a)^2pq}{(p+q)^2(p+q+1)}$。

六、改进后的计划评审技术

计划评审技术中的活动期望时间（ET）公式和活动时间方差公式都是在活动时间被假设为服从参数为 $p=4$，$q=4$ 的β分布时得到的，而该假设是基于以下两个前提：一是最可能时间的可能性四倍于乐观时间和悲观时间的可能性；二是最可能时间恰好是乐观时间和悲观时间的平均值。实际在项目管理实践中，这两个前提都不一定成立，因而活动时间服从参数为 $p=4$，$q=4$ 的β分布也是站不住脚的。那么，怎么才能使参数也趋于合理呢？很显然必须从假设的两个前提入手。

第一，估算活动最可能时间时可以根据经验等估算最可能时间的可能性是乐观时间和悲观时间的可能性的倍数，该倍数越大，用于拟合活动时间的β分布的参数 p，q 也就越大；该倍数越小，用于拟合活动时间的β分布的参数 p，q 也就越小。看两种极端情况，若活动最可能时间的可能性是乐观时间和悲观时间的可能性的一倍，则可用参数 $p=4$，$q=4$ 的β分布拟合活动时间，即用（a，b）区间上的均匀分布拟合活动时间。若活动的最可能时间的可能性无穷倍于乐观时间和悲观时间的可能性，则可用退化分布（单点分布）拟合活动时间，就是说对活动时间的估算是准确的。

第二，从β分布的性质可以看到，活动最可能时间在 y_0 取得，而 y_0 不一定是乐观时间和悲观时间的平均值，这样就不必用相等参数的β分布拟合活动时间，只有当最可能时间恰好是乐观时间和悲观时间的平均值时，用相等参数的β分布拟合活动时间才是合理的。通过上述两点的分析，可对计划评审技术做如下改进：

（1）估算活动的最可能时间 m，估算最可能时间的可能性为乐观时间和悲观时间的

可能性的倍数的值 k 。

（2）在前一步的基础上，用合理的参数的 β 分布去拟合活动时间，方法是：令 $pq=k^2$ 且 $y_0=m$ ，即：

$$\begin{cases} pq=k^2 & (1) \\ \dfrac{p-1}{p+q-2}=\dfrac{m-a}{b-a} & (2) \end{cases} \tag{3-12}$$

（3）解此方程组，便可得到 p ，q 的值，计算活动时间的期望时间 $E(T)$ 和活动时间方差公式 σ^2 如下：

$$E(T)=\frac{aq+bp}{p+q}, \qquad \sigma^2=\frac{(b-a)^2}{(p+q)^2(p+q+1)} \tag{3-13}$$

增加第一步是为了找到更适合的 β 分布来拟合活动时间；第二步中方程组的（1）式是基于一个原理得到的，这个原理就是 k 值越大，用于拟合活动时间的 β 分布的 p 、q 值越大，方程组的（2）式是由 $y_0=m$ 经过变形得到的；第三步中的活动期望时间 E（T）和活动时间方差 σ^2 的公式是根据上一节的性质 3 得到的。

方程组实际上构成一个一元二次方程，解此方程组，便得到参数 P 和 q 的具体值，不妨设解为 $p=p_0$，$q=q_0$，这样就可以用 $p=p_0$，$q=q_0$ 的 β 分布拟合活动时间。可以看到当 $k=1$，$m=\frac{a+b}{2}$ 时，方程组的解为 $p=1$，$q=1$，即用参数为 $p=1$，$q=1$ 的 β 分布拟合活动时间，当 $k=4$，$m=\frac{a+b}{2}$ 时，方程组的解为 $p=4$，$q=4$，即用参数为 $p=4$，$q=4$ 的 β 分布拟合活动时间。将 $p=4$，$q=4$，代入（3-13）式得到：

$$E(T)=\frac{a+b}{2}=\frac{a+4m+b}{6}, \qquad \sigma^2=\frac{(b-a)^2}{36} \tag{3-14}$$

可见计划评审技术是改进后的计划评审技术的特例。关于方程组的解是否存在的问题，可由下列性质得到。

上面方程组一定存在非负解，且非负解唯一。

证：不妨令 $\frac{m-a}{b-a}=c$ ，显然 $0\leqslant c\leqslant 1$，由方程（2）式得：$q=\frac{(1-c)p+2c-1}{c}$ 代入（1）式得到 $(1-c)p^2+(2c-1)p-ck^2=0$，因为该一元二次方程的判别式 $\Delta=(2c-1)^2+4(1-c)ck^2\geqslant(2c-1)^2\geqslant 0$，故方程组存在解且存在唯一非负解。

七、PERT 网络技术的作用

（1）标示出项目的关键路径，以明确项目活动的重点，便于优化对项目活动的资源分配。

（2）当管理者想计划缩短项目完成时间、节省成本时，就要把考虑的重点放在关键路径上。

（3）在资源分配发生矛盾时，可适当调动非关键路径上活动的资源去支持关键路径上的活动，以最有效地保证项目的完成进度。

（4）采用 PERT 网络分析法所获结果的质量很大程度上取决于事先对活动事件的预测，若能对各项活动的先后次序和完成时间都能有较为准确的预测，则通过 PERT 网络的分析法可大大缩短项目完成的时间。

第四节　进度偏差分析及调整方法

一、施工项目进度比较方法

施工项目进度比较分析与计划调整是施工项目进度控制的主要环节。其中施工项目进度比较是调整的基础。常用的比较方法有以下几种：

（一）横道图比较法

用横道图编制施工进度计划，指导施工的实施已是人们常用的、熟悉的方法。

它简明形象、直观，编制方法简单，使用方便。

横道图记录比较法，是把在项目施工中检查实际进度收集的信息，经整理后直接用横道线与原计划的横道线并列标示，进行直观比较的方法。

通过记录与比较，为进度控制者提供了实际施工进度与计划进度之间的偏差，为采取调整措施提供了明确的任务。这是人们施工中进行施工项目进度控制经常用的一种最简单、熟悉的方法。但是它仅适用于施工中的各项工作都是按均匀的速度进行，即每项工作在单位时间里完成的任务量都是相等的。

完成任务量可以用实物工程量、劳动消耗量和工作量三种物理量表示，为了比较方便，一般用它们实际完成量的累计百分比与计划的应完成量的累计百分比进行比较。

值得指出：由于工作的施工速度是变化的，因此横道图中的进度横线，不管计划的还是实际的，都只表示工作的开始时间、持续天数和完成的时间，并不表示计划完成量和实际完成量，这两个量分别通过标注在横道线上方及下方的累计百分比数量表示。实际进度的涂黑粗线是从实际工程的开始日期画起，若工作实际施工间断，亦可在图中将涂黑粗线的部分做相应的空白处理。横道图记录比较法具有以下优点：记录比较方法简单，形象直观，容易掌握，应用方便，被广泛地采用于简单的进度监测工作。但是，由于它以横道图进度计划为基础，因此，带有其不可克服的局限性，如各工作之间的逻辑关系不明显，关键工作和关键线路无法确定，一旦某些工作进度产生偏差，难以预测其对后续工作和整个工期的影响及确定调整方法。

项目施工中各项工作的速度不一定相同，进度控制要求和提供的进度信息也不同，可以采用以下几种方法：

1. 匀速施工横道图比较法

匀速施工是指施工项目中，每项工作的施工进展速度都是匀速的，即在单位时间内完成的任务量都是相等的，累计完成的任务量与时间呈直线变化。

比较方法的步骤为：

（1）编制横道图进度计划。

（2）在进度计划上标出检查日期。

（3）将检查收集的实际进度数据，按比例用涂黑的粗线标于计划进度线的下方。

（4）比较分析实际进度与计划进度。

①涂黑的粗线右端与检查日期相重合，表明实际进度与施工计划进度相一致；

②涂黑的粗线右端在检查日期的左侧，表明实际进度拖后；

③涂黑的粗线右端在检查日期的右侧，表明实际进度超前。

必须指出：该方法只适用于工作从开始到完成的整个过程，其施工速度是不变的，累计完成的任务量与时间成正比。若工作的施工速度是变化的，则这种方法不能进行工作的实际进度与计划进度之间的比较。

2. 双比例单侧横道图比较法

匀速施工横道图比较法，只适用于施工进展速度不变的情况下的施工实际进度与计划进度之间的比较。当工作在不同的单位时间里的进展速度不同时，累计完成的任务量与时间的关系不是呈直线变化的。按匀速施工横道图比较法绘制的实际进度涂黑粗线，不能反映实际进度与计划进度完成任务量的比较情况。这种情况的进度比较可以采用双比例单侧横道图比较法。

比较方法的步骤：

（1）编制横道图进度计划。

（2）在横道线上方标出备工作主要时间的计划完成任务累计百分比。

（3）在计划横道线的下方标出工作的相应日期实际完成的任务累计百分比。

（4）用涂黑粗线标出实际进度线，并从开工日起，同时反映出施工过程中工作的连续与间断情况。

（5）对照横道线上方计划完成累计量与同时间的下方实际完成累计量，比较出实际进度与计划进度。

①当同一时刻上下两个累计百分比相等时，表明实际进度与计划进度一致；

②当同一时刻上面的累计百分比大于下面的累计百分比时，表明该时刻实际施工进度拖后，拖后的量为二者之差；

③当同一时刻上面的累计百分比小于下面的累计百分比时，表明该时刻实际施工进度超前，超前的量为二者之差。

这种比较法不仅适用于施工速度是变化情况下的进度比较，同时除找出检查日期进度比较情况外还能提供某一指定时间二者比较情况的信息。当然要求实施部门按规定的时间记录当时的完成情况。

3. 双比例双侧横道图比较法

双比例双侧横道图比较法，也是适用于工作进度按变速进展的情况，工作实际进度与计划进度进行比较的一种方法。它是双比例单侧横道图比较法的改进和发展，它是在表示工作实际进度的涂黑粗线同时，在表上标出某对应时刻完成任务的累计百分比，将该百分比与其同时刻计划完成任务累计百分比相比较，判断工作的实际进度与计划进度之间的关系的一种方法。

综上所述，横道图记录比较法具有以下优点：方法简单，形象直观，容易掌握，应用方便，被广泛地采用于简单的进度监测工作中。但是，由于它以横道图进度计划为基础，因此有不可克服的局限性，如各工作之间的逻辑关系不明显，关键工作和关键线路无法确定，一旦某些工作进度产生偏差，难以预测其对后续工作和整个工期的影响及确定调整方法。

（二）S 形曲线比较法

S 形曲线比较法与横道图比较法不同，它不是在编制的横道图进度计划上进行实际进度与计划进度比较。它以横坐标表示进度时间，纵坐标表示累计完成任务量，绘制出一条按计划时间累计完成任务量的S形曲线，是将施工项目的各检查时间实际完成的任务量与S形曲线进行实际进度与计划进度相比较的一种方法。

对整个施工项目的施工全过程而言，一般是开始和结尾阶段的单位时间投入的资源量较少，中间阶段单位时间投入的资源量较多，与其相关的单位时间完成的任务量也是呈同样变化的，而随时间进展累计完成的任务量，则应该呈S形变化。

1. S形曲线绘制

S形曲线的绘制步骤如下：

（1）确定工程进展速度曲线在实际工程中计划进度曲线，很难找到定性分析的连续曲线，但可以根据每单位时间内完成的实物工程量或投入的劳动力与费用，计算出计划单位时间的量值，则仍为离散型的。

（2）计算规定时间j计划累计完成的任务量，其计算方法等于各单位时间完成的任务量累加求和。某时间j计划累计完成的任务量，单位时间j的计划完成的任务量，某规定计划时刻。

（3）按各规定时间的Q_j值，绘制S形曲线。

2. S形曲线比较

S形曲线比较法，同横道图一样，是在图上直观地进行施工项目实际进度与计划进度比较。一般情况下，计划进度控制人员在计划实施前绘制出S形曲线。在项目施工过程中，按规定时间将检查的实际完成情况与计划S形曲线绘制在同一张图上，可得出实际进度S形>曲线，比较两条S形曲线可以得到如下信息：

（1）项目实际进度与计划进度比较：当实际工程进展点落在计划S形曲线左侧则表示此时实际进度比计划进度超前；若落在其右侧，则表示拖后；若刚好落在其上，则表示二者一致。

（2）项目实际进度比计划进度超前或拖后的时间：△TA表示在TA时刻实际进度超前的时间；△TB表示TB时刻实际进度拖后的时间。

（3）项目实际进度比计划进度超额或拖欠的任务量：△QA表示在QA时刻超额完成的任务量；△QB表示在TB时刻拖欠的任务量。

（4）预测工程进度：后期工程按原计划速度进行，则工期拖欠预测值为△TC。

（三）“香蕉”形曲线比较法

1.“香蕉”形曲线的绘制

（1）“香蕉”型曲线是两条S形曲线组合成的闭合曲线。从S形曲线比较法中得知，按某一时间开始的施工项目的进度计划，其计划在实施过程中进行时间与累计完成任务量的关系都可以用一条S形曲线表示。对于一个施工项目的网络计划，在理论上总是分为最早和最迟两种开始与完成时间。因此，一般来说，任何一个施工项目的网络计划，都可以绘制出两条曲线。其一是计划以各项工作的最早开始时间安排进度而绘制的S形曲线，称为ES曲线；其二是计划以各项工作的最迟开始时间安排进度而绘制的S形曲线，称为LS曲线。两条S形曲线都是从计划的开始时刻开始和完成时刻结束，因此两条曲线是闭合的。一般情况，其余时刻ES曲线上的各点均落在LS曲线相应点的左侧，形成一个形如“香蕉”的曲线，故此称为“香蕉”形曲线。

在项目的实施中进度控制的理想状况是任一时刻按实际进度描绘的点，应落在该“香蕉”型曲线的区域内。

（2）“香蕉”形曲线比较法的作用：

①进行进度的合理安排；

②进行施工实际进度与计划进度比较；

③确定在检查状态下，后期工程的ES曲线和LS曲线的发展趋势。

2.“香蕉”形曲线的作图方法

“香蕉”形曲线的作图方法与S形曲线的作图方法基本一致，不同之处在于它是分别以工作的最早开始时间和最迟开始时间而绘制的两条S形曲线的结合。其具体步骤如下：

（1）以施工项目的网络计划为基础，确定该施工项目的工作数目n和计划检查次数m，并计算时间参数ES_i、$\mathrm{LS}_i(i=1, 2, \cdots, n)$。

（2）确定各项工作在不同时间计划完成任务量。分为两种情况：①以施工项目的最早时标网络图为准，确定各工作在各单位时间的计划完成任务量，常用Q_{ij}表示，即第i项工作按最早时间开工，在第j时间完成的任务量。$(i=1, 2, \cdots, n; j=1, 2, \cdots, \mathrm{m})$。②以施工项目的最迟时标网络图为准，确定各工作在各单位时间的计划完成任务量用Q_{ij}表示，即第i项工作按最迟开始时间开工，在第j时间完成的任务量$(i=1, 2, \cdots, n; j=1, 2, \cdots, \mathrm{m})$。

（3）计算施工项目总任务量Q_0施工项目的总任务量。

（4）计算在 j 时刻完成的项目总任务量分为两种情况。

（5）计算在 j 时刻完成项目总任务量百分比也分为两种情况。

（6）绘制“香蕉”形曲线。按（$j = 1, 2, \cdots, m$）描绘各点，并连接各点得 ES 曲线；按（$j = 1, 2, \cdots, m$）描绘各点，并连接各点得 LS 曲线，由 ES 曲线和 LS 曲线组成“香蕉”形曲线。

在项目实施过程中，按同样的方法，将每次检查的各项工作实际完成的任务量代入上述各相应公式，计算出不同时间实际完成任务量的百分比，并在“香蕉”形曲线的平面内给出实际进度曲线，便可以进行实际进度与计划进度的比较。

（四）前锋线比较法

施工项目的进度计划用时标网络计划表达时，还可以采用实际进度前锋线进行实际进度与计划进度比较。

前锋线比较法是从计划检查时间的坐标点出发，用点画线依次连接各项工作的实际进度点，最后到计划检查时间的坐标点为止，形成前锋线。按前锋线与工作箭线交点的位置判定施工实际进度与计划进度偏差。简言之，前锋线法是通过施工项目实际进度前锋线，判定施工实际进度与计划进度偏差的方法。

（五）列表比较法

当采用无时间坐标网络计划时也可以采用列表分析法。即记录检查时正在进行的工作名称和已进行的天数，然后列表计算有关参数，根据原有总时差和尚有总时差判断实际进度与计划进度的比较方法。

列表比较法步骤：

（1）计算检查时正在进行的工作。

（2）计算工作最迟完成时间。

（3）计算工作时差。

（4）填表分析工作实际进度与计划进度的偏差。可能有以下几种情况：

①若工作尚有总时与原有总时相等，则说明该工作的实际进度与计划进度一致。

②若工作尚有总时差小于原有总时差，但仍为正值，则说明该工作的实际进度比计划进度拖后，产生偏差值为二者之差，但不影响总工期。

③若尚有总时差为负值，则说明对总工期有影响，应当调整。

二、施工项目进度计划的调整

（一）分析进度偏差的影响

当判断出现进度偏差时，应当分析该偏差对后续工作和对总工期的影响。

1. 分析进度偏差的工作是否为关键工作

若出现偏差的工作为关键工作，则无论偏差大小，都对后续工作及总工期产生影响，必须采取相应的调整措施；若出现偏差的工作不是关键工作，需要根据偏差值与总时差和自由时差的大小关系，确定对后续工作和总工期的影响程度。

2. 分析进度偏差是否大于总时差

若工作的进度偏差大于该工作的总时差，说明此偏差必将影响后续工作和总工期，必须采取相应的调整措施；若工作的进度偏差小于或等于该工作的总时差，说明此偏差对总工期无影响，但它对后续工作的影响程度，需要根据比较偏差与自由时差的情况来确定。

3. 分析进度偏差是否大于自由时差

若工作的进度偏差大于该工作的自由时差，说明此偏差对后续工作产生影响，如何调整，应根据后续工作允许影响的程度而定；若工作的进度偏差小于或等于该工作的自由时差，则说明此偏差对后续工作无影响，因此，原进度计划可以不做调整。

经过如此分析，进度控制人员可以确认应该调整产生进度偏差的工作和调整偏差值的大小，以便确定调整措施，获得新的符合实际进度情况和计划目标的新进度计划。

（二）施工项目进度计划的调整方法

在对实施的进度计划分析的基础上，应确定调整原计划的方法，一般主要有以下两种：

1. 改变某些工作间的逻辑关系

若检查的实际施工进度产生的偏差影响了总工期，在工作之间的逻辑关系允许改变的条件下，改变关键线路和超过计划工期的非关键线路上的有关工作之间的逻辑关系，达到缩短工期的目的。用这种方法调整的效果是很显著的，例如，可以把依次进行的有关工作，通过改变平行的或互相搭接的以及分成几个施工段进行流水施工的方法，以达到缩短工期的目的。

2. 缩短某些工作的持续时间

这种方法是不改变工作之间的逻辑关系，而是缩短某些工作的持续时间，使施工进度加快，并保证实现计划工期的方法。这些被压缩持续时间的工作是位于由于实际施工进度的拖延而引起总工期增长的关键线路和某些非关键线路上的工作。同时，这些工作又是可压缩持续时间的工作。这种方法实际上就是网络计划优化中的工期优化方法和工期与成本优化的方法。

第五节　施工总进度计划的编制

施工总进度计划是施工现场各项施工活动在时间上的体现。编制施工总进度计划就是根据施工部署中的施工方案和工程项目的开展程序，对全工地的所有工程项目做出时间上的安排。其作用在于确定各个施工项目及其主要工种工程、准备工作和全工地性工程的施工期限及其开工和竣工的日期，从而确定建筑施工现场上劳动力、材料、成品、半成品、施工机械的需要数量和调配情况，以及现场临时设施的数量、水电供应数量和能源、交通的需要数量，等等。因此，正确地编制施工总进度计划是保证各项目以及整个建设工程按期交付使用，充分发挥投资效益，降低建筑工程成本的重要条件。编制施工总进度计划的基本要求是：保证拟建工程在规定的期限内完成；迅速发挥投资效益；保证施工的连续性和均衡性；节约施工费用。根据施工部署中建设工程分期分批投产顺序，将每个交工系统的各项工程分别列出，在控制的期限内进行各项工程的具体安排；如建设项目的规模不太大、各交工系统工程项目不是很多时，亦可不按分期分批投产顺序安排，而是直接安排总进度计划。

施工总进度计划编制的步骤如下：

一、列出工程项目一览表并计算工程

施工总进度计划主要起控制总工期的作用，因此项目划分不宜过细。通常按照分期分批投产顺序和工程开展程序列出，并突出每个交工系统中的主要工程项目，一些附属项目及小型工程、临时设施可以合并列出工程项目一览表。在工程项目一览表的基础上，按工程的开展顺序，以单位工程计算主要实物工程量。此时计算工程量的目的是为了选择施工方案和主要的施工、运输机械；初步规划主要施工过程的流水施工；估算各项目的完成时

间；计算劳动力和技术物资的需要量。因此，工程量只须粗略地计算即可。工程量，可按初步（或扩大初步）设计图纸并根据各种定额手册进行计算。常用的定额、资料有以下几种：

（一）1万元、10万元投资工程量的劳动力及材料消耗扩大指标

这种定额规定了某一种结构类型建筑，每万元或十万元投资中劳动力、主要材料等消耗数量。根据设计图纸中的结构类型，即可估算出拟建工程各分项需要的劳动力和主要材料的消耗数量。

（二）概算指标或扩大结构定额

这两种定额都是预算定额的进一步扩大。概算指标是以建筑物每100m^3体积为单位；扩大结构定额则以每100m^2建筑面积为单位。查定额时，首先查找与本建筑物结构类型、跨度、高度相类似的部分，然后查出这种建筑物按定额单位所需要的劳动力和各项主要材料消耗量，从而推算出拟计算建筑物所需要的劳动力和材料的消耗数量。

（三）标准设计或已建房屋、构筑物的资料

在缺少上述几种定额手册的情况下，可采用标准设计或已建成的类似工程实际所消耗的劳动力及材料加以类比，按比例估算。但是，由于和拟建工程完全相同的已建工程是极为少见的，因此在采用已建工程资料时，一般都要进行折算、调整。除房屋外，还必须计算主要的全工地性工程的工程量，如场地平整、铁路及道路和地下管线的长度等，这些可以根据建筑总平面图来计算。将按上述方法计算出的工程量填入统一的工程量汇总表中。

二、确定各单位工程的施工期限

建筑物的施工期限，由于各施工单位的施工技术与管理水平、机械化程度、劳动力和材料供应情况等不同，而有很大差别。因此应根据各施工单位的具体条件，并考虑施工项目的建筑结构类型、体积大小和现场地形工程与水文地质、施工条件等因素加以确定。此外，也可参考有关的工期定额来确定各单位工程的施工期限。工期定额（或指标）是根据我国各部门多年来的施工经验，经统计分析对比后制定的。

三、确定各单位工程的开竣工时间和相互搭接关系

在施工部署中已经确定了总的施工期限、施工程序和各系统的控制期限及搭接时间，

但对每一个单位工程的开竣工时间尚未具体确定。通过对各主要建筑物或构筑物的工期进行分析，确定了每个建筑物或构筑物的施工期限后，就可以进一步安排各建筑物或构筑物的搭接施工时间。通常应考虑以下五个主要因素：

（一）保证重点，兼顾一般

在安排进度时，要分清主次，抓住重点，同时期进行的项目不宜过多，以免分散有限的人力物力。主要工程项目指工程量大、工期长、质量要求高、施工难度大，对其他工程施工影响大、对整个建设项目的顺利完成起关键性作用的工程子项目。这些项目在各系统的控制期限内应优先安排。

（二）满足连续、均衡施工要求

在安排施工进度时，应尽量使各工种施工人员、施工机械在全工地内连续施工，同时尽量使劳动力、施工机具和物资消耗量在全工地上达到均衡，避免出现突出的高峰和低谷，以利于劳动力的调度、原材料供应和临时设施的充分利用。为满足这种要求，应考虑在工程项目之间组织大流水施工，即在相同结构特征的建筑物或主要工种工程之间组织流水施工，从而实现人力、材料和施工机械的综合平衡。另外，为实现连续均衡施工，还要留出一些后备项目，如宿舍、附属或辅助车间、临时设施等，作为调节项目，穿插在主要项目的流水中。

（三）满足生产工艺要求

工业企业的生产工艺系统是串联各个建筑物的主动脉。要根据工艺所确定的分期分批建设方案，合理安排各个建筑物的施工顺序，使土建施工、设备安装和试生产实现“一条龙”，以缩短建设周期，尽快发挥投资效益。

（四）认真考虑施工总进度计划对施工总平面空间布置的影响

工业企业建设项目的建筑总平面设计，应在满足有关规范要求的前提下，使各建筑物的布置尽量紧凑，这可以节省占地面积，缩短场内各种道路、管线的长度，但同时由于建筑物密集，也会导致施工场地狭小，使场内运输、材料构件堆放、设备组装和施工机械布置等产生困难。为减少这方面的困难，除采取一定的技术措施外，对相邻各建筑物的开工时间和施工顺序予以调整，以避免或减少相互影响也是重要措施之一。

（五）全面考虑各种条件限制

在确定各建筑物施工顺序时，还应考虑各种客观条件的限制。如施工企业的施工力量，各种原材料、机械设备的供应情况，设计单位提供图纸的时间、各年度建设投资数量等，对各项建筑物的开工时间和先后顺序予以调整。同时，由于建筑施工受季节、环境影响较大，因此，经常会对某些项目的施工时间提出具体要求，从而对施工的时间和顺序安排产生影响。

四、安排施工进度

施工总进度计划可以用横道图表达，也可以用网络图表达。由于施工总进度计划只是起控制性作用，因此不必搞得过细。当用横道图表达总进度计划时，项目可按施工总体方案所确定的工程展开程序排列。横道图上应表达出各施工项目的开竣工时间及其施工持续时间。

近年来，随着网络计划技术的推广和普及，采用网络图表达施工总进度计划，已经在实践中得到广泛应用。用时间坐标网络图表达总进度计划，比横道图更加直观、明了，还可以表达出各项目之间的逻辑关系。同时，由于可以应用电子计算机计算和输出，更便于对进度计划进行调整、优化，统计资源数量，甚至输出图表等。

如某电厂一号机组施工网络计划在计算机上用 CPERT 工程项目管理软件计算并输出，网络计划按主要系统排列，关键工作、关键线路、逻辑关系、持续时间和时差等信息一目了然。

五、施工总进度计划的调整与修正

施工总进度计划表绘制完后，将同一时期各项工程的工作量加在一起，用一定的比例画在施工总进度计划的底部，即可得出建设项目资源需要量动态曲线。若曲线上存在较大的高峰或低谷，则表明在该时间里各种资源的需求量变化较大，需要调整一些单位工程的施工速度或开竣工时间，以便消除高峰或低谷，使各个时期的资源需求量尽量达到均衡。

各单位在实施过程中，工程施工进度应随着施工的进展及时做必要的调整；对于跨年度的建设项目，还应根据年度国家基本建设投资或业主投资情况，对施工进度计划予以调整。

第六节 PDCA进度计划的实施与检查

一、施工项目进度计划的实施

施工项目进度计划的实施就是施工活动的进展，也就是用施工进度计划指导施工的活动、落实和完成。施工项目进度计划逐步实施的进程就是施工项目建造的逐步完成过程。为了保证施工项目进度计划的实施，并且尽量按编制的计划时间逐步进行，保证各进度目标的实现，应做好如下工作：

（一）施工项目进度计划的贯彻

1. 检查各层次的计划，形成严密的计划保证系统

施工项目的所有施工进度计划——施工总进度计划、单位工程施工进度计划、分部分项工程施工进度计划，都是围绕一个总任务编制的。它们之间的关系是：高层次的计划是低层次计划的依据，低层次计划是高层次计划的具体化。在其贯彻执行时应当首先检查是否协调一致，计划目标是否层层分解，互相衔接，组成一个计划实施的保证体系，以施工任务书的方式下达施工队以保证实施。

2. 层层签订承包合同或下达施工任务书

施工项目经理、施工队和作业班组之间分别签订承包合同，按计划目标明确规定合同工期、相互承担的经济责任、权限和利益，或者下达施工任务书，将作业下达到施工班组，明确具体施工任务、技术措施、质量要求等内容，使施工班组必须保证按作业计划时间完成规定的任务。

3. 计划全面交底，发动群众实施计划

施工进度计划的实施需要全体工作人员共同行动，要使有关人员都明确各项计划的目标、任务、实施方案和措施，使管理层和作业层协调一致，必须将计划变成群众的自觉行动，充分发动群众，发挥群众的干劲和创造精神。

（二）施工项目进度计划的实施

1. 编制月（旬）作业计划

为了实施施工进度计划，将规定的任务结合现场施工条件，如施工场地的情况、劳动力机械等资源条件和施工的实际进度，在施工开始前和过程中不断地编制本月（旬）的作业计划，使施工计划更具体、切合实际和可行。在月（旬）计划中要明确：本月（旬）应完成的任务，所需要的各种资源量，提高劳动生产率和降低生产成本。

2. 签发施工任务书

编制好月（旬）作业计划以后，将每项具体任务通过签发施工任务书的方式使其进一步落实。施工任务书是向班组下达任务，实行责任承包、全面管理和原始记录的综合性文件。施工班组必须保证指令任务的完成。它是计划和实施的纽带。

3. 做好施工进度记录，填好施工进度统计表

在计划任务完成的过程中，各级施工进度计划的执行者都要跟踪做好施工记录，记载计划中每项工作的开始日期、工作进度和完成日期。为施工项目进度检查分析提供信息，因此要求实事求是记载，并填好有关图表。

4. 做好施工中的调度工作

施工中的调度是组织施工中各阶段、环节、专业和工种的互相配合，进度协调的指挥核心。调度工作是使施工进度计划实施顺利进行的重要手段。其主要任务是掌握计划实施情况，协调各方面关系，采取措施，排除各种矛盾，加强各薄弱环节，实现动态平衡，保证完成作业计划和实现进度目标。

二、施工项目进度计划的检查

在施工项目的实施进程中，为了进行进度控制，进度控制人员应经常地、定期地跟踪检查施工实际进度情况，主要是收集施工项目进度材料，进行统计整理和对比分析，确定实际进度与计划进度之间的关系。其主要工作包括：

（一）跟踪检查施工实际进度

跟踪检查施工实际进度是项目施工进度控制的关键措施。其目的是收集实际施工进度的有关数据。跟踪检查的时间和收集数据的质量，直接影响控制工作的质量和效果。一般

检查的时间间隔与施工项目的类型、规模、施工条件和对进度执行要求程度有关。通常可以确定每月、半月、旬或周进行一次。若在施工中遇到天气、资源供应等不利因素的严重影响，检查的时间间隔可临时缩短，次数应频繁，甚至可以每日进行检查，或派人员驻现场督阵。检查和收集资料的方式一般采用进度报表方式或定期召开进度工作汇报会。为了保证汇报资料的准确性，进度控制的工作人员要经常到现场察看施工项目的实际进度情况，从而保证经常地、定期地准确掌握施工项目的实际进度。

（二）整理统计检查数据

收集到的施工项目实际进度数据要进行必要的整理，按计划控制的工作项目进行统计，以相同的量纲和形象进度，形成与计划进度具有可比性的数据。一般可以按实物工程量、工作量和劳动消耗量以及累计百分比整理和统计实际检查的数据，以便与相应的计划完成量相对比。

（三）对比实际进度与计划进度

将收集的资料整理和统计成具有与计划进度可比性的数据后，用施工项目实际进度与计划进度的比较方法进行比较。通常用的比较方法有：横道图比较法、S 形曲线比较法、“香蕉”形曲线比较法、前锋线比较法和列表比较法等。通过比较得出实际进度与计划进度相一致、超前、拖后三种情况。

（四）施工项目进度检查结果的处理

施工项目进度检查的结果，按照检查报告制度的规定形成进度控制报告，向有关主管人员和部门汇报。进度控制报告是把检查比较的结果、有关施工进度现状和发展趋势提供给项目经理及各级业务职能负责人的最简单的书面形式报告。进度控制报告是根据报告的对象不同，确定不同的编制范围和内容而分别编写的。一般分为项目概要级进度控制报告、项目管理级进度控制报告和业务管理级进度控制报告。

项目概要级进度报告是报给项目经理、企业经理或业务部门以及建设单位或业主的。它是以整个施工项目为对象说明进度计划执行情况的报告。项目管理级进度报告是报给项目经理及企业的业务部门的。它是以单位工程或项目分区为对象说明进度计划执行情况的报告。业务管理级进度报告是就某个重点部位或重点问题为对象编写的报告，供项目管理者及各业务部门为其采取应急措施而使用。

进度报告由计划负责人或进度管理人员与其他项目管理人员协作编写。报告时间一般与进度检查时间相协调，也可按月、旬、周编写上报。进度控制报告的内容主要包括：项目实施概况、管理概况、进度概要；项目施工进度、形象进度及简要说明；施工图纸提供进度；材料、物资、构配件供应进度；劳务记录及预测；日历计划；对建设单位、业主和施工者的变更指令等。

第四章 水利工程建设施工成本控制

第一节 施工成本管理的任务与措施

一、施工成本管理的任务

施工成本是指在建设工程项目的施工过程中所发生的全部生产费用的总和，包括消耗的原材料、辅助材料、构配件等费用，周转材料的摊销费或租赁费，施工机械的使用费或租赁费，支付给生产工人的工资、资金、工资性质的津贴等，以及进行施工组织与管理所发生的全部费用支出。建设工程项目施工成本由直接成本和间接成本组成。

直接成本是指施工过程中耗费的构成工程实体或有助于工程实体形成的各项费用支出，是可以直接计入工程对象的费用，包括人工费、材料费、施工机械使用费和施工措施费等。

间接成本是指为施工准备、组织和管理施工生产的全部费用的支出，是非直接用于也无法直接计入工程对象，但为进行工程施工所必须发生的费用，包括管理人员工资、办公费、差旅交通费等。

施工成本管理就是要在保证工期和质量满足要求的情况下，采取相应管理措施（包括组织措施、经济措施、技术措施、合同措施），把成本控制在计划范围内，并进一步寻求最大限度的成本节约。

（一）施工成本预测

施工成本预测是根据成本信息和施工项目的具体情况，运用一定的专门方法，对未来的成本水平及其可能发展趋势做出科学的估算，其是在工程施工以前对成本进行的估算。通过成本预测，满足业主和本企业要求的前提下，选择成本低、效益好的最佳方案，加强成本控制，克服盲目性，提高预见性。

（二）施工成本计划

施工成本计划是以货币形式编制施工项目的计划期内的生产费用、成本水平、成本降低率，以及为降低成本所采取的主要措施和规划的书面方案。它是建立施工项目成本管理责任制，开展成本控制和核算的基础，是该项目降低成本的指导性文件，是设立目标成本的依据。可以说，施工成本计划是目标成本的一种形式。

（三）施工成本控制

施工成本控制是指在施工过程中，对影响施工成本的各种因素加强管理，并采取各种有效措施，将施工中实际发生的各种消耗和支出严格控制在成本计划范围内，随时揭示并及时反馈，严格审查各项费用是否符合标准，计算实际成本和计划成本之间的差异并进行分析，进而采取多种措施，消除施工中的损失浪费现象。

建设工程项目施工成本控制应贯穿于项目从投标开始直至竣工验收的全过程，它是企业全面成本管理的重要环节。施工成本控制可分为事先控制、事中控制（过程控制）和事后控制。在项目的施工过程中，须按动态控制原理对实际施工成本的发生过程进行有效控制。

（四）施工成本核算

施工成本核算包括两个基本环节：一是按照规定的成本开支范围对施工费用进行归集和分配，计算出施工费用的实际发生额；二是根据成本核算对象，采用适当的方法，计算出该施工项目的总成本和单位成本。施工成本管理需要正确及时地核算施工过程中发生的各项费用，计算施工项目的实际成本。施工成本核算所提供的各种成本信息，是成本预测、成本计划、成本控制、成本分析和成本考核等各个环节的依据。

（五）施工成本分析

施工成本分析是在施工成本核算的基础上，对成本的形成过程和影响成本升降的因素进行分析，以寻求进一步降低成本的途径，包括有利偏差的挖掘和不利偏差的纠正。施工成本分析贯穿于施工成本管理的全过程，是在成本的形成过程中，主要利用施工项目的成本核算资料（成本信息），与目标成本、预算成本以及类似的施工项目的实际成本等进行比较，了解成本的变动情况，同时要分析主要技术经济指标对成本的影响，系统地研究成本变动的因素，检查成本计划的合理性，并通过成本分析，深入揭示成本变动规律，寻找降低施工项目成本的途径，以便有效地进行成本控制。成本偏差的控制，分析是关键，纠偏是核心，要针对分析得出的偏差发生的原因，采取切实措施，加以纠正。

成本偏差分为局部成本偏差和累计成本偏差。局部成本偏差包括项目的月度（或周、天等）核算成本偏差、专业核算成本偏差以及分部分项作业成本偏差等；累计成本偏差是指已完工程在某一时间点上实际总成本与相应的计划总成本的差异。分析成本偏差的原因，应采取定性和定量相结合的方法。

（六）施工成本考核

施工成本考核是指在施工项目完成后，对施工项目成本形成中的各责任者，按施工项目成本目标责任制的有关规定，将成本的实际指标与计划、定额、预算进行对比和考核，评定施工项目成本计划的完成情况和各责任者的业绩，并以此给予相应的奖励和处罚。通过成本考核，做到有奖有惩、赏罚分明，才能有效地调动每一位员工在各自的施工岗位上努力完成目标成本的积极性，为降低施工项目成本和增加企业的积累，做出自己的贡献。

施工成本管理的每一个环节都是相互联系和相互作用的。成本预测是成本决策的前提，成本计划是成本决策所确定目标的具体化。成本计划控制则是对成本计划的实施进行控制和监督，保证决策的成本目标的实现，而成本核算又是对成本计划是否实现的最后检验，它所提供的成本信息又对下一个施工项目成本预测和决策提供基础资料。成本考核是实现成本目标责任制的保证和实现决策目标的重要手段。

二、施工成本管理的措施

为了取得施工成本管理的理想成效，应当从多方面采取措施实施管理，通常可以将这些措施归纳为组织措施、技术措施、经济措施、合同措施。

（一）组织措施

组织措施是从施工成本管理的组织方面采取的措施。施工成本控制是全员的活动，如实行项目经理责任制，落实施工成本管理的组织机构和人员，明确各级施工成本管理人员的任务和职能分工、权利和责任。施工成本管理不仅是专业成本管理人员的工作，各级项目管理人员都负有成本控制责任。

组织措施的另一方面是编制施工成本控制工作计划、确定合理详细的工作流程。要做好施工采购规划，通过生产要素的优化配置、合理使用、动态管理，有效控制实际成本；加强施工定额管理和任务单管理，控制活劳动和物化劳动的消耗；加强施工调度，避免因施工计划不周和盲目调度造成窝工损失、机械利用率降低、物料积压等而使施工成本增加；成本控制工作只有建立在科学管理的基础之上，具备合理的管理体制、完善的规章制度、稳定的作业秩序、完整准确的信息传递，才能取得成效。组织措施是其他各类措施的前提和保证，而且一般不需要增加什么费用，运用得当可以收到良好的效果。

（二）技术措施

技术措施不仅对解决施工成本管理过程中的技术问题是不可缺少的，而且对纠正施工成本管理目标偏差也有相当重要的作用。运用技术纠偏措施的关键，一是要能提出多个不同的技术方案，二是要对不同的技术方案进行技术经济分析。

施工过程中降低成本的技术措施，包括：进行技术经济分析，确定最佳的施工方案；结合施工方法，进行材料使用的比选，在满足功能要求的前提下，通过迭代、改变配合比、使用添加剂等方法降低材料消耗的费用；确定最合适的施工机械、设备的使用方案；结合项目的施工组织设计及自然地理条件，降低材料的库存成本和运输成本；先进的施工技术的应用、新材料的运用、新开发机械设备的使用等。在实践中，也要避免仅从技术角度选定方案而忽略对其经济效果的分析论证。

（三）经济措施

经济措施是最易为人们所接受和采取的措施。管理人员应编制资金使用计划，确定、分解施工成本管理目标。对施工成本管理目标进行风险分析，并制定防范性对策。对各项支出，应认真做好资金的使用计划，并在施工中严格控制各项开支。及时准确地记录、收集、整理、核算实际发生的成本。对各种变更，及时做好增减账，及时落实业主签证，及时结算工资款。通过偏差分析和未完工工程预测，可发现一些潜在问题将引起未完工程施工成本的增加，对这些问题应以主动控制为出发点，及时采取预防措施。由此可见，经济措施的运用绝不仅仅是财务人员的事情。

（四）合同措施

采取合同措施控制施工成本，应贯穿整个合同周期，包括从合同谈判开始到合同终止的全过程。首先，选用合适的合同结构，对各种合同结构模式进行分析、比较，在合同谈判时，要争取选用适合于工程规模、性质和特点的合同结构模式；其次，在合同条款中应仔细考虑一切影响成本和效益的因素，特别是潜在的风险因素。通过对引起成本变动的风险因素的识别和分析，采取必要的风险对策，如通过合理的方式，增加承担风险的个体数量，降低损失发生的比例，并最终使这些策略反映在合同的具体条款中。在合同执行期间，合同管理的措施既要密切关注对方合同执行情况，以寻求合同索赔的机会，同时要密切关注自己合同履行的情况，以避免被对方索赔。

第二节 施工成本计划

一、施工成本计划的类型

对于一个施工项目而言，其成本计划的编制是一个不断深化的过程。在这一过程的不同阶段形成深度和作用不同的成本计划，按其作用可分为三类。

（一）竞争性成本计划

竞争性成本计划即工程项目投标及签订合同阶段的估算成本计划。这类成本计划是以招标文件中的合同条件、投标者须知、技术规程、设计图纸或工程量清单等为依据，以有关价格条件说明为基础，结合调研和现场考察获得的情况，根据本企业的工料消耗标准、水平、价格资料和费用指标，对本企业完成招标工程所需要支出的全部费用的估算。在投标报价过程中，虽也着力考虑降低成本的途径和措施，但总体上较为粗略。

（二）指导性成本计划

指导性成本计划即选派项目经理阶段的预算成本计划，是项目经理的责任成本目标。它是以合同标书为依据，按照企业的预算定额标准制订的设计预算成本计划，且一般情况下只是确定责任总成本指标。

（三）实施性计划成本

实施性计划成本即项目施工准备阶段的施工预算成本计划，它以项目实施方案为依据，落实项目经理责任目标为出发点，采用企业的施工定额通过施工预算的编制而形成的实施性施工成本计划。

施工预算和施工图预算虽仅一字之差，但区别较大。

1. 编制的依据不同

施工预算的编制以施工定额为主要依据，施工图预算的编制以预算定额为主要依据，而施工定额比预算定额划分得更详细、更具体，并对其中所包括的内容，如质量要求、施工方法以及所需劳动工日、材料品种、规格型号等均有较详细的规定或要求。

2. 适用的范围不同

施工预算是施工企业内部管理用的一种文件，与建设单位无直接关系；而施工图预算既适用于建设单位，又适用于施工单位。

3. 发挥的作用不同

施工预算是施工企业组织生产、编制施工计划、准备现场材料、签发任务书、考核功效、进行经济核算的依据，它也是施工企业改善经营管理、降低生产成本和推行内部经营承包责任制的重要手段；而施工图预算则是投标报价的主要依据。

二、施工成本计划的编制依据

施工成本计划是施工项目成本控制的一个重要环节，是实现降低施工成本任务的指导性文件。如果针对施工项目所编制的成本计划达不到目标成本要求，就必须组织施工项目管理班子中的有关人员研究寻找降低成本的途径，重新进行编制。同时，编制成本计划的过程也是动员全体施工项目管理人员的过程，是挖掘降低成本潜力的过程，是检验施工技术质量管理、工期管理、物资消耗和劳动力消耗管理等是否落实的过程。

编制施工成本计划，需要广泛收集相关资料并进行整理，以作为施工成本计划编制的依据。在此基础上，根据有关设计文件、工程承包合同、施工组织设计、施工成本预测资料等，按照施工项目应投入的生产要素，结合各种因素的变化和拟采取的各种措施，估算施工项目生产费用支出的总水平，进而提出施工项目的成本计划控制指标，确定目标总成本。目标成本确定后，应将总目标分解落实到各个机构、班组、便于进行控制的子项目或工序。最后，通过综合平衡，编制完成施工成本计划。

施工成本计划的编制依据包括：

（1）投标报价文件。

（2）企业定额、施工预算。

(3) 施工组织设计或施工方案。

(4) 人工、材料、机械台班的市场价。

(5) 企业颁布的材料指导价、企业内部机械台班价格、劳动力内部挂牌价格。

(6) 周转设备内部租赁价格、摊销损耗标准。

(7) 已签订的工程合同、分包合同（或估价书）。

(8) 结构件外加工计划和合同。

(9) 有关财务成本核算制度和财务历史资料。

(10) 施工成本预测资料。

(11) 拟采取的降低施工成本的措施。

(12) 其他相关资料。

三、施工成本计划的编制方法

施工成本计划的编制方法有以下三种：

(一) 按施工成本组成编制

建筑安装工程费用项目由分部分项工程费、措施项目费、其他项目费、规费和税金组成。

施工成本可以按成本构成分解为人工费、材料费、施工机械使用费、措施项目费和企业管理费等。

(二) 按施工项目组成编制

大中型工程项目通常是由若干单项工程构成的，每个单项工程又包含若干单位工程，每个单位工程下面又包含了若干分部分项工程。因此，首先把项目总施工成本分解到单项工程和单位工程中，再进一步分解到分部工程和分项工程中。接下来就要具体地分配成本，编制分项工程的成本支出计划，从而得到详细的成本计划表。

在编制成本支出计划时，要在项目总的方面考虑总的预备费，也要在主要的分项工程中安排适当的不可预见费，避免在具体编制成本计划时，由于某项内容工程量计算有较大出入，使原来的成本预算失实。

(三) 按施工进度编制

按工程进度编制施工成本计划，通常可利用控制项目进度的网络图进一步扩充而得，即在建立网络图时，一方面确定完成各项工作所需花费的时间；另一方面确定完成这一工作的合适的施工成本支出计划，在实践中，将工程项目分解为既能方便地表示时间，又能方便地表示施工成本支出计划的工作是不容易的，通常如果项目分解程度对时间控制合适的话，则对施工成本支出计划可能分解过细，以至于不可能对每项工作确定其施工成本支出计划。反之亦然。因此，在编制网络计划时，应充分考虑进度控制对项目划分要求的同时，还要考虑确定施工成本支出计划对项目划分的要求，做到二者兼顾。通过对施工成本目标按时间进行分解，在网络计划基础上，可获得项目进度计划的横道图，并在此基础上编制成本计划。其表示方式有两种：一种是在时标网络图上按月编制的成本计划，另一种是利用时间成本累积曲线（S形曲线）表示。

以上三种编制施工成本计划的方式并不是相互独立的。在实践中，往往是将这三种方式结合起来使用，从而可以取得扬长避短的效果。例如，将按项目分解总施工成本与按施工成本构成分解总施工成本两种方式相结合，横向按施工成本构成分解，纵向按项目分解，或相反。这种分解方式有助于检查各分部分项工程施工成本构成是否完整，有无重复计算或漏算；同时有助于检查各项具体的施工成本支出的对象是否明确或落实，并且可以从数字上校核分解的结果有无错误；或者还可将按子项目分解总施工成本计划与按时间分解总施工成本计划结合起来，一般纵向按项目分解，横向按时间分解。

第三节　工程变更程序和价款的确定

由于建设工程项目建设的周期长、涉及的关系复杂、受自然条件和客观因素的影响大，导致项目的实际施工情况与招标投标时的情况相比往往会有一些变化，出现工程变更。工程变更包括工程量变更、工程项目的变更（如发包人提出增加或者删减原项目内容）、进度计划的变更、施工条件的变更等。如果按照变更的起因划分，变更的种类有很多，如：发包人的变更指令（包括发包人对工程有了新的要求、发包人修改项目计划、发包人削减预算、发包人对项目进度有了新的要求等）；由于设计错误，必须对设计图纸做修改；工程环境变化；由于产生了新的技术和知识，有必要改变原设计、实施方案或实施计划；法律法规或者政府对建设工程项目有了新的要求等。

一、工程变更的控制原则

（1）工程变更无论是业主单位、施工单位还是监理工程师提出，无论是何内容，工程变更指令均须由监理工程师发出，并确定工程变更的价格和条件。

（2）工程变更，要建立严格的审批制度，切实把投资控制在合理的范围以内。

（3）对设计修改与变更（包括施工单位、业主单位和监理单位对设计的修改意见），应通过现场设计单位代表请设计单位研究。设计变更必须进行工程量及造价增减分析，经设计单位同意，如突破总概算，必须经有关部门审批。严格控制施工中的设计变更，健全设计变更的审批程序，防止任意提高设计标准，改变工程规模，增加工程投资费用。设计变更经监理工程师会签后交施工单位施工。

（4）在一般的建设工程施工承包合同中均包括工程变更的条款，允许监理工程师有权向承包单位发布指令，要求对工程的项目、数量或质量工艺进行变更，对原标书的有关部分进行修改。

工程变更也包括监理工程师提出的“新增工程”，即原招标文件和工程量清单中没有包括的工程项目，承包单位对这些新增工程，也必须按监理工程师的指令组织施工，工期与单价由监理工程师与承包方协商确定。

（5）由于工程变更所引起的工程量的变化，都有可能使项目投资超出原来的预算投资，必须予以严格控制，密切注意其对未完工程投资支出的影响以及对工期的影响。

（6）对于施工条件的变更，往往是指未能预见的现场条件或不利的自然条件，即在施工中实际遇到的现场条件同招标文件中描述的现场条件有本质的差异，使施工单位向业主单位提出施工价款和工期的变化要求，由此引起索赔。

工程变更均会对工程质量、进度、投资产生影响，因此应做好工程变更的审批，合理确定变更工程的单价、价款和工期延长的期限，并由监理工程师下达变更指令。

二、工程变更程序

工程变更程序主要包括提出工程变更、审查工程变更、编制工程变更文件及下达变更指令。工程变更文件要求包括以下内容：

（1）工程变更令。应按固定的格式填写，说明变更的理由、变更概况、变更估价及对合同价款的影响。

（2）工程量清单。填写工程变更前、后的工程量、单价和金额，并对未在合同中规定的方法予以说明。

（3）新的设计图纸及有关的技术标准。

（4）涉及变更的其他有关文件或资料。

三、工程变更价款的确定

对于工程变更的项目，一种类型是不须确定新的单价，仍按原投标单价计付。另一种类型是须变更为新的单价，包括：变更项目及数量超过合同规定的范围；虽属原工程量清单的项目，其数量超过规定范围。变更的单价及价款应由合同双方协商解决。

合同价款的变更价格是在双方协商的时间内，由承包单位提出变更价格，报监理工程师批准后调整合同价款和竣工日期。审核承包单位提出的变更价款是否合理，可考虑以下原则：

（1）合同中有适用于变更工程的价格，按合同已有的价格计算变更合同价款。

（2）合同中只有类似变更情况的价格，可以此作为基础，确定变更价格，变更合同价款。

（3）合同中没有适用和类似的价格，由承包单位提出适当的变更价格，监理工程师批准执行。批准变更价格，应与承包单位达成一致，否则应通过工程造价管理部门裁定。

经双方协商同意的工程变更，应有书面材料，并由双方正式委托的代表签字；涉及设计变更的，还必须有设计部门的代表签字，均作为以后进行工程价款结算的依据。

第四节　建筑安装工程费用的结算

一、建筑安装工程费用的主要结算方式

建筑安装工程费用的结算可以根据不同情况采取多种方式。

（一）按月结算

即先预付部分工程款，在施工过程中按月结算工程进度款，竣工后进行竣工结算。

（二）竣工后一次结算

建设项目或单项工程全部建筑安装工程建设期在12个月以内，或者工程承包合同价值在100万元以下的，可以实行工程价款每月月中预支，竣工后一次结算。

（三）分段结算

即当年开工、当年不能竣工的单项工程或单位工程按照工程形象进度，划分不同阶段进行结算。分段结算可以按月预支工程款。

（四）结算双方约定的其他结算方式

实行竣工后一次结算和分段结算的工程，当年结算的工程款应与分年度的工作量一致，年终不另清算。

二、工程预付款

工程预付款是建设工程施工合同订立后由发包人按照合同约定，在正式开工前预先支付给承包人的工程款。它是施工准备和购买所需要材料、结构件等流动资金的主要来源，国内习惯上又称预付备料款。工程预付款的具体事宜由发、承包双方根据建设行政主管部门的规定，结合工程款、建设工期和包工包料情况在合同中约定。在《建设工程施工合同（示范文本）》中，对有关工程预付款做如下约定：实行工程预付款的，双方应当在专用条款内约定发包人向承包人预付工程款的时间和数额，开工后按约定的时间和比例逐次扣回。预付时间应不迟于约定的开工日期前七天。发包人不按约定预付，承包人在约定预付时间七天后向发包人发出要求预付的通知，发包人收到通知后仍不能按要求预付，承包人可在发出通知后七天停止施工，发包人应从约定应付之日起向承包人支付应付款的贷款利息，并承担违约责任。

工程预付款额度，各地区、各部门的规定不完全相同，主要是保证施工所需材料和构件的正常储备。一般根据施工工期、建安工作量、主要材料和构件费用占建安工作量的比例以及材料储备周期等因素经测算来确定。发包人根据工程的特点、工期长短、市场行情、供求规律等因素，招标时在合同条件中约定工程预付款的百分比。

工程预付款的扣回，扣款的方法有两种：可以从未施工工程尚需的主要材料及构件的价值相当于工程预付款数额时起扣；从每次结算工程价款中，按材料比重扣抵工程价款，在竣工前全部扣清，基本公式为：

$$T = P - M/N \qquad (4-1)$$

式中：T——起扣点，工程预付款开始扣回时的累计完成工作量金额；

M——工程预付款限额；

N ——主要材料的占比重；

P ——工程的价款总额。

建设部招标文件范本中规定，在承包完成金额累计达到合同总价的10%后，由承包人开始向发包人还款；发包人从每次应付给承包人的金额中扣回工程预付款，发包人至少在合同规定的完工期前三个月将工程预付款的总计金额按逐次分摊的办法扣回。

三、工程进度款

（一）工程进度款的计算

工程进度款的计算，主要涉及两个方面：一是工程量的计量；二是单价的计算方法。单价的计算方法，主要根据由发包人和承包人事先约定的工程价格的计价方法决定。目前，我国工程价格的计价方法可以分为工料单价和综合单价两种方法。二者在选择时，既可采取可调价格的方式，即工程价格在实施期间可随价格变化而调整；也可采取固定价格的方式，即工程价格在实施期间不因价格变化而调整，在工程价格中已考虑价格风险因素并在合同中明确了固定价格所包括的内容和范围。

（二）工程进度款的支付

在确认计量结果后14天内，发包人应向承包人支付工程款（进度款）。发包人超过约定的支付时间不支付工程款，承包人可向发包人发出要求付款的通知，发包人接到承包人通知后仍不能按要求付款，可与承包人协商签订延期付款协议，经承包人同意后可延期支付。协议应明确延期支付的时间和从计量结果确认后第15天起计算应付款的贷款利息。发包人不按合同约定支付工程款，双方又未达成延期付款协议，导致施工无法进行，承包人可停止施工，由发包人承担违约责任。

四、竣工结算

工程竣工验收报告经发包人认可后28天内，承包人向发包人递交竣工结算报告及完整的结算资料，双方按照协议书约定的合同价款及专用条款约定的合同价款调整内容，进行工程竣工结算。专业监理工程师审核承包人报送的竣工结算报表；总监理工程师审定竣工结算报表；与发包人、承包人协商一致后，签发竣工结算文件和最终的工程款支付证书。

发包人收到承包人递交的竣工结算报告及结算资料后28天内进行核实，给予确认或者提出修改意见。发包人确认竣工结算报告后通知经办银行向承包人支付竣工结算价款。承包人收到竣工结算价款后14天内将竣工工程交付发包人。

发包人收到竣工结算报告及结算资料后28天内无正当理由不支付工程竣工结算价款，从第29天起按承包人同期向银行贷款利率支付拖欠工程价款的利息，并承担违约责任。

发包人收到竣工结算报告及结算资料后28天内无正当理由不支付工程竣工结算价款，承包人可以催告发包人支付结算价款。发包人在收到竣工结算报告及结算资料后56天内仍不支付的，承包人可以与发包人协议将该工程折价，也可以由承包人申请人民法院将该工程依法拍卖，承包人就该工程折价或者拍卖的价款优先受偿。

工程竣工验收报告经发包人认可后28天内，承包人未能向发包人递交竣工结算报告及完整的结算资料，造成工程竣工结算不能正常进行或工程竣工结算价款不能及时支付，发包人要求交付工程的，承包人应当交付；发包人不要求交付工程的，承包人承担保管责任。

第五节　施工成本控制

一、施工成本控制的依据

施工成本控制的依据包括以下内容：

（一）工程承包合同

施工成本控制要以工程承包合同为依据，围绕降低工程成本这个目标，从预算收入和实际成本两方面，努力挖掘增收节支潜力，以求获得最大的经济效益。

（二）施工成本计划

施工成本计划是根据施工项目的具体情况制订的施工成本控制方案，既包括预定的具体成本控制目标，又包括实现控制目标的措施和规划，是施工成本控制的指导性文件。

（三）进度报告

进度报告提供了每一时刻工程实际完成量、工程施工成本实际支付情况等重要信息。

施工成本控制工作正是通过将实际情况与施工成本计划相比较，找出二者之间的差别，分析偏差产生的原因，从而采取措施改进以后的工作。此外，进度报告还有助于管理者及时发现工程实施中存在的隐患，并在事态造成重大损失之前采取有效措施，尽量避免损失。

（四）工程变更

在项目的实施过程中，由于各方面的原因，工程变更是很难避免的。工程变更一般包括设计变更、进度计划变更、施工条件变更、技术规范与标准变更、施工次序变更、工程数量变更等。一旦出现变更，工程量、工期、成本都必将发生变化，从而使得施工成本控制工作变得更加复杂和困难。因此，施工成本管理人员就应当通过对变更要求当中各类数据的计算、分析，随时掌握变更情况，包括已发生工程量、将要发生工程量、工期是否拖延、支付情况等重要信息，判断变更以及变更可能带来的索赔额度等。

除上述四种施工成本控制工作的主要依据外，有关施工组织设计、分包合同等也都是施工成本控制的依据。

二、施工成本控制的步骤

在确定了施工成本计划之后，必须定期进行施工成本计划值与实际值的比较，当实际值偏离计划值时，分析产生偏差的原因，采取适当的纠偏措施，以确保施工成本控制目标的实现。其步骤如下：

（一）比较

按照某种确定的方式将施工成本的计划值和实际值逐项进行比较，以发现施工成本是否超支。

（二）分析

在比较的基础上，对比较的结果进行分析，以确定偏差的严重性及偏差产生的原因。这一步是施工成本控制工作的核心，其主要目的在于找出产生偏差的原因，从而采取有针对性的措施，避免或减少相同情况的再次发生或减少由此造成的损失。

（三）预测

根据项目实施情况估算整个项目完成时的施工成本。预测的目的在于为决策提供支持。

（四）纠偏

当工程项目的实际施工成本出现了偏差，应当根据工程的具体情况、偏差分析和预测的结果，采取适当的措施，以期达到使施工成本偏差尽可能小的目的。纠偏是施工成本控制中最具实质性的一步，只有通过纠偏，才能最终达到有效控制施工成本的目的。

（五）检查

它是指对工程的进展进行跟踪和检查，及时了解工程进展状况以及纠偏措施的执行情况和效果，为今后的工作积累经验。

三、施工成本控制的方法

施工阶段是控制建设工程项目成本发生的主要阶段，它通过确定成本目标并按计划成本进行施工、资源配置，对施工现场发生的各种成本费用进行有效控制，其具体的控制方法如下：

（一）人工费的控制

人工费的控制实行“量价分离”的方法，将作业用工及零星用工按定额工日的一定比例综合确定用工数量与单价，通过劳务合同进行控制。

（二）材料费的控制

材料费控制同样按照“量价分离”原则，控制材料用量和材料价格。

1. 材料用量的控制

在保证符合设计要求和质量标准的前提下，合理使用材料，通过定额管理、计量管理等手段有效控制材料物资的消耗，具体方法如下：

（1）定额控制

对于有消耗定额的材料，以消耗定额为依据，实行限额发料制度。在规定限额内分期分批领用，超过限额领用材料，必须先查明原因，经过一定审批手续。

（2）指标控制

对于没有消耗定额的材料，则实行计划管理和按指标控制的办法。

根据以往项目的实际耗用情况，结合具体施工项目的内容和要求，制定领用材料指标，据以控制发料。超过指标的材料，必须经过一定的审批手续方可领用。

（3）计量控制

准确做好材料物资的收发计量检查和投料计量检查。

（4）包干控制

在材料使用过程中，对部分小型及零星材料（如钢钉、钢丝等）根据工程量计算出所需材料量，将其折算成费用，由作业者包干控制。

2. 材料价格的控制

材料价格主要由材料采购部门控制。由于材料价格由买价、运杂费、运输中的合理损耗等所组成，因此主要是通过掌握市场信息、应用招标和询价等方式控制材料、设备的采购价格。

施工项目的材料物资，包括构成工程实体的主要材料和结构件，以及有助于工程实体形成的周转使用材料和低值易耗品。从价值角度看，材料物资的价值，约占建筑安装工程造价的60%以上，其重要程度自然是不言而喻的。由于材料物资的供应渠道和管理方式各不相同，所以控制的内容和所采取的控制方法也将有所不同。

（三）施工机械使用费的控制

合理选择、使用施工机械设备对成本控制具有十分重要的意义，尤其是高层建筑施工。据某些工程实例统计，高层建筑地面以上部分的总费用中，垂直运输机械费用占6%~10%。由于不同的起重机械各有不同的用途和特点，因此在选择起重运输机械时，首先应根据工程特点和施工条件确定采取何种不同起重运输机械的组合方式。在确定采用何种组合方式时，首先应满足施工需要，同时要考虑到费用的高低和综合经济效益。

施工机械使用费主要由台班数量和台班单价两方面决定，为有效控制重工机械使用费支出，主要从以下几个方面进行：

（1）合理安排施工生产，加强设备租赁计划管理，减少因安排不当引起的设备闲置。

（2）加强机械设备的调度工作，尽量避免窝工，提高现场设备利用率。

（3）加强现场设备的维修保养，避免因不正确使用造成机械设备的停置。

（4）做好机上人员与辅助生产人员的协调与配合，提高施工机械台班产量。

（四）施工分包费用的控制

分包工程价格的高低，必然对项目经理部的施工项目成本产生一定的影响。因此，施工项目成本控制的重要工作之一是对分包价格的控制。项目经理部应在确定施工方案的初期就确定需要分包的工程范围。确定分包范围的因素主要是施工项目的专业性和项目规模。对分包费用的控制，主要是要做好分包工程的询价、订立平等互利的分包合同、建立稳定的分包关系网络、加强施工验收和分包结算等工作。

第六节 施工成本分析

一、施工成本分析的依据

施工成本分析，就是根据会计核算、业务核算和统计核算提供的资料，对施工成本的形成过程和影响成本升降的因素进行分析，以寻求进一步降低成本的途径；另外，通过成本分析，可从账簿、报表反映的成本现象看清成本的实质，从而增强项目成本的透明度和可控性，为加强成本控制，实现项目成本目标创造条件。

（一）会计核算

会计核算主要是价值核算。会计是对一定单位的经济业务进行计量、记录、分析和检查，做出预测，参与决策，实行监督，旨在实现最优经济效益的一种管理活动。它通过设置账户、复式记账、填制和审核凭证、登记账簿、成本计算、财产清查和编制会计报表等一系列有组织有系统的方法，来记录企业的一切生产经营活动，然后据以提出一些用货币来反映的有关各种综合性经济指标的数据。资产、负债、所有者权益、营业收入、成本、利润这会计六要素指标，主要是通过会计来核算。由于会计记录具有连续性、系统性、综合性等特点，所以它是施工成本分析的重要依据。

（二）业务核算

业务核算是各业务部门根据业务工作的需要而建立的核算制度，它包括原始记录和计算登记表，如单位工程及分部分项工程进度登记，质量登记，工效、定额计算登记，物资消耗定额记录，测试记录等。业务核算的范围比会计、统计核算要广，会计和统计核算一般是对已经发生的经济活动进行核算，而业务核算，不但可以对已经发生的，而且可以对尚未发生或正在发生的经济活动进行核算，看是否可以做、是否有经济效果。它的特点是对个别的经济业务进行单项核算。例如，各种技术措施、新工艺等项目，可以核算已经完成的项目是否达到原定的目的，取得预期的效果，也可以对准备采取措施的项目进行核算和审查，看是否有效果、值不值得采纳，随时都可以进行。业务核算的目的，在于迅速取得资料，在经济活动中及时采取措施进行调整。

（三）统计核算

统计核算是利用会计核算资料和业务核算资料，把企业生产经营活动客观现状的大量数据，按统计方法加以系统整理，表明其规律性。它的计量尺度比会计宽，可以用货币计算，也可以用实物或劳动量计量。它通过全面调查和抽样调查等特有的方法，不仅能提供绝对数指标，还能提供相对数和平均数指标，可以计算当前的实际水平，确定变动速度，可以预测发展的趋势。

二、施工成本分析的方法

（一）基本方法

施工成本分析的基本方法包括比较法、因素分析法、差额计算法、比率法等。

1. 比较法

比较法，又称指标对比分析法，就是通过技术经济指标的对比，检查目标的完成情况，分析产生差异的原因，进而挖掘内部潜力的方法。这种方法具有通俗易懂、简单易行、便于掌握的特点，因而得到了广泛应用，但在应用时必须注意各技术经济指标的可比性。比较法的应用，通常有下列形式：

（1）将实际指标与目标指标对比

以此检查目标完成情况，分析影响目标完成的积极因素和消极因素，以便及时采取措施，保证成本目标实现。在进行实际指标与目标指标对比时，还应注意目标本身有无问题。如果目标本身出现问题，则应调整目标，重新正确评价实际工作的成绩。

（2）本期实际指标与上期实际指标对比

通过这种对比，可以看出各项技术经济指标的变动情况，反映施工管理水平的提高程度。

（3）与本行业平均水平、先进水平对比

通过这种对比，可以反映本项目的技术管理和经济管理与行业的平均水平和先进水平的差距，进而采取措施赶超先进水平。

2. 因素分析法

因素分析法又称连环置换法，这种方法可用来分析各种因素对成本的影响程度。在进行分析时，首先要假定众多因素中的一个因素发生了变化，而其他因素则不变，然后逐个替换，分别比较其计算结果，以确定各个因素的变化对成本的影响程度。因素分析法的计算步骤如下：

（1）确定分析对象，并计算出实际与目标数的差异。

（2）确定该指标是由哪几个因素组成的，并按其相互关系进行排序（排序规则是先实物量，后价值量；先绝对值，后相对值）。

（3）以目标数为基础，将各因素的目标数相乘，作为分析替代的基数。

（4）将各个因素的实际数按照上面的排列顺序进行替换计算，并将替换后的实际数保留下来。

（5）将每次替换计算所得的结果，与前一次的计算结果相比较，两者的差异即为该因素对成本的影响程度。

（6）各个因素的影响程度之和，应与分析对象的总差异相等。

3. 差额计算法

差额计算法是因素分析法的一种简化形式，它利用各个因素的目标值与实际值的差额来计算其对成本的影响程度。

4. 比率法

比率法是指用两个以上的指标的比例进行分析的方法。它的基本特点是：先把对比分析的数值变成相对数，再观察其相互之间的关系。常用的比率法有以下几种：

（1）相关比率法

由于项目经济活动的各个方面是相互联系、相互依存，又相互影响的，因而可以将两个性质不同而又相关的指标加以对比，求出比率，并以此来考察经营成果的好坏。例如，产值和工资是两个不同的概念，但它们的关系又是投入与产出的关系。在一般情况下，都希望以最少的工资支出完成最大的产值。因此，用产值工资率指标来考核人工费的支出水平，就很能说明问题。

（2）构成比率法

又称比重分析法或结构对比分析法。通过构成比率，可以考察成本总量的构成情况及各成本项目占成本总量的比重，同时可看出量、本、利的比例关系（即预算成本、实际成本和降低成本的比例关系），从而为寻求降低成本的途径指明方向。

（3）动态比率法

动态比率法，就是将同类指标不同时期的数值进行对比，求出比率，以分析该项指标的发展方向和发展速度。动态比率的计算，通常采用基期指数和环比指数两种方法。

（二）综合成本的分析方法

所谓综合成本，是指涉及多种生产要素，并受多种因素影响的成本费用，如分部分项工程成本、月（季）度成本、年度成本等。由于这些成本都是随着项目施工的进展而逐步形成的，与生产经营有着密切的关系，因此，做好上述成本的分析工作，无疑将促进项目的生产经营管理，提高项目的经济效益。

1. 分部分项工程成本分析

分部分项工程成本分析是施工项目成本分析的基础。分部分项工程成本分析的对象为已完成分部分项工程。分析的方法是：进行预算成本、目标成本和实际成本的“三算”对比，分别计算实际偏差和目标偏差，分析偏差产生的原因，为今后的分部分项工程成本寻求节约途径。

分部分项工程成本分析的资料来源是：预算成本来自投标报价成本，目标成本来自施工预算，实际成本来自施工任务单的实际工程量、实耗人工和限额领料单的实耗材料。

由于施工项目包括很多分部分项工程，不可能也没有必要对每一个分部分项工程都进行成本分析，特别是一些工程量小、成本费用微不足道的零星工程。但是，对于那些主要分部分项工程则必须进行成本分析，而且要做到从开工到竣工进行系统的成本分析。这是一项很有意义的工作，因为通过主要分部分项工程成本的系统分析，可以基本上了解项目成本形成的全过程，为竣工成本分析和今后的项目成本管理提供一份宝贵的参考资料。

2. 月（季）度成本分析

月（季）度成本分析，是施工项目定期的、经常性的中间成本分析。对于具有一次性特点的施工项目来说，有着特别重要的意义。因为通过月（季）度成本分析，可以及时发现问题，以便按照成本目标指定的方向进行监督和控制，保证项目成本目标的实现。月（季）度成本分析的依据是当月（季）的成本报表。分析的方法，通常有以下六个方面：

（1）通过实际成本与预算成本的对比，分析当月（季）的成本降低水平；通过累计实际成本与累计预算成本的对比，分析累计的成本降低水平，预测实现项目成本目标的前景。

（2）通过实际成本与目标成本的对比，分析目标成本的落实情况，以及目标管理中的问题和不足，进而采取措施，加强成本管理，保证成本目标的落实。

（3）通过对各成本项目的成本分析，可以了解成本总量的构成比例和成本管理的薄弱环节。例如，在成本分析中，发现人工费、机械费和间接费等项目大幅度超支，就应该对这些费用的收支配比关系认真研究，并采取对应的增收节支措施，防止今后再超支。如果是属于规定的“政策性”亏损，则应从控制支出着手，把超支额压缩到最低限度。

（4）通过主要技术经济指标的实际与目标对比，分析产量、工期、质量、“三材”节约率、机械利用率等对成本的影响。

（5）通过对技术组织措施执行效果的分析，寻求更加有效的节约途径。

（6）分析其他有利条件和不利条件对成本的影响。

3. 年度成本分析

企业成本要求一年结算一次，不得将本年成本转入下一年度。而项目成本则以项目的寿命周期为结算期，要求从开工到竣工到保修期结束连续计算，最后结算出成本总量及其盈亏。由于项目的施工周期一般较长，除进行月（季）度成本核算和分析外，还要进行年度成本的核算和分析。这不仅是为了满足企业汇编年度成本报表的需要，也是项目成本管理的需要。因为通过年度成本的综合分析，可以总结一年来成本管理的成绩和不足，为今后的成本管理提供经验和教训，从而可对项目成本进行更有效的管理。

年度成本分析的依据是年度成本报表。年度成本分析的内容，除了月（季）度成本分析的六个方面以外，重点是针对下一年度的施工进展情况规划切实可行的成本管理措施，以保证施工项目成本目标的实现。

4. 竣工成本的综合分析

凡是有几个单位工程而且是单独进行成本核算（即成本核算对象）的施工项目，其竣工成本分析应以各单位工程竣工成本分析资料为基础，再加上项目经理部的经营效益（如资金调度、对外分包等所产生的效益）进行综合分析。如果施工项目只有一个成本核算对象（单位工程），就以该成本核算对象的竣工成本资料作为成本分析的依据。

单位工程竣工成本分析，应包括以下三方面内容：

（1）竣工成本分析。

（2）主要资源节超对比分析。

（3）主要技术节约措施及经济效益分析。

第七节　施工成本控制的特点、重要性及措施

一、水利工程成本控制的特点

我国的水利工程建设管理体制自实行改革以来，在以项目法人制、招标投标制和建设监理制为中心的建设管理体制上，成本控制是水利工程项目管理的核心。水利工程施工承包合同中的成本可分为两部分：施工成本（具体包括直接费、其他直接费和现场经费）和经营管理费用（具体包括企业管理费、财务费和其他费用），其中施工成本一般占合同总价的70%以上。但是水利工程大多施工周期长、投资规模大、技术条件复杂、产品单件性鲜明，不可能建立和其他制造业一样的标准成本控制系统，而且水利工程项目管理机构是临时组成的，施工人员中民工较多，施工区域地理和气候条件一般又不利，这使得有对施工成本进行有效的控制变得更加困难。

二、加强水利工程成本控制的重要性

企业为了实现利润的最大化，必须使产品成本合理化、最小化、最佳化，因此加强成本管理和成本控制是企业提高盈利水平的重要途径，也是企业管理的关键工作之一。加强水利工程施工管理也必须在成本管理、资金管理、质量管理等薄弱环节上狠下功夫，加大整改力度，加快改革的步伐，促进改革成功，从而提高企业的管理水平和经济效益。水利工程施工项目成本控制作为水利工程施工企业管理的基点、效益的主体、信誉的窗口，只有对其强化管理，加强企业管理的各项基础工作，才能加快水利工程施工企业由生产经营型管理向技术密集型管理、国际化管理转变的进程。而强化项目管理，形成以成本管理为中心的运营机制，提高企业的经济效益和社会效益，加强成本管理是关键。

三、加强水利工程成本控制的措施

（一）增强市场竞争意识

水利工程项目具有投资大、工期长、施工环境复杂、质量要求高等特点，工程在施工中同时受地质、地形、施工环境、施工方法、施工组织管理、材料与设备、人员与素质等

不确定因素的影响。在我国正式实行企业改革后，主客观条件都要求水利工程施工企业推广应用实物量分析法编制投标文件。

实物量分析法有别于定额法：定额法根据施工工艺套用定额，体现的是以行业水平为代表的社会平均水平；而实物量分析法则从项目整体角度全面反映工程的规模、进度、资源配置对成本的影响，比较接近于实际成本，这里的“成本”是指个别企业成本，即在特定时期、特定企业为完成特定工程所消耗的物化劳动和活化劳动价值的货币反映。

（二）严格过程控制

承建一个水利工程项目，就必须在人、财、物的有效组合和使用全过程上狠下功夫。例如，对施工组织机构的设立和人员、机械设备的配备，在满足施工需要的前提下，机构要精简直接，人员要精干高效，设备要充分有效利用。同时对材料消耗、配件更换及施工工序控制都要按规范化、制度化、科学化的方法进行，这样既可以避免或减少不可预见因素对施工的干扰，也可以降低自身生产经营状况对工程成本影响的比例，从而有效控制成本、提高效益。过程控制要全员参与、全过程控制。

（三）建立明确的责权利相结合的机制

责权利相结合的成本管理机制，应遵循民主集中制的原则和标准化、规范化的原则加以建立。施工项目经理部包括了项目经理、项目部全体管理人员及施工作业人员，应在这些人员之间建立一个以项目经理为中心的管理体制，使每个人的职责分工明确，赋予相应的权利，并在此基础上建立健全一套物质奖励、精神奖励和经济惩罚相结合的激励与约束机制，使项目部每个人、每个岗位都人尽其才、爱岗敬业。

（四）控制质量成本

质量成本是反映项目组织为保证和提高产品质量而支出的一切费用，以及因未达到质量标准而产生的一切损失费用之和。在质量成本控制方面，要求项目内的施工、质量人员把好质量关，做到“少返工、不重做”。比如在混凝土的浇捣过程中经常会发生跑模、漏浆，以及由于振捣不到位而产生的蜂窝、麻面等现象，而一旦出现这种现象，就不得不在日后的施工过程中进行修补，不仅浪费材料，而且浪费人力，更重要的是影响外观，对企业产生不良的社会影响。但是要注意产品质量并非越高越好，超过合理水平时则属于质量过盛。

（五）控制技术成本

首先是要制订技术先进、经济合理的施工方案，以达到缩短工期、提高质量、保证安全、降低成本的目的。施工方案的主要内容是施工方法的确定、施工机具的选择、施工顺序的安排和流水施工作业的组织。科学合理的施工方案是项目成功的根本保证，更是降低成本的关键所在；其次是在施工组织中努力寻求各种降低消耗、提高工效的新工艺、新技术、新设备和新材料，并在工程项目的施工过程中实施应用，也可以由技术人员与操作员工一起对一些传统的工艺流程和施工方法进行改革与创新，这将对降耗增效起到十分有效的积极作用。

（六）注重开源增收

上述所讲的是控制成本的常见措施，其实为了增收、降低成本，一个很重要的措施就是开源增收措施。水利工程开源增收的一个方面就是要合理利用承包合同中的有利条款。承包合同是项目实施的最重要依据，是规范业主和施工企业行为的准则，但在通常情况下更多体现了业主的利益。合同的基本原则是平等和公正，汉语语义有多重性和复杂性的特点，也造成了部分合同条款可多重理解或者表述不严密，个别条款甚至有利于施工企业，这就为成本控制人员有效利用合同条款创造了条件。在合同条款基础上进行的变更索赔，依据充分，索赔成功的可能性也比较大。建筑招标投标制度的实行，使施工企业中标项目的利润已经很小，个别情况下甚至没有利润，因而项目实施过程中能否依据合同条款进行有效的变更和索赔，也就成为项目能否赢利的关键。

加强成本管理将是水利施工企业进入成本竞争时代的竞争武器，也是成本发展战略的基础。同时，施工项目成本控制是一个系统工程，它不仅需要突出重点，对工程项目的人工费、材料费、施工设备、周转材料租赁费等实行重点控制，而且需要对项目的质量、工期和安全等在施工全过程中进行全面控制，只有这样才能取得良好的经济效果。

第五章 水利工程建设合同管理

第一节 水利施工合同

一、合同的概念与特征

（一）合同的概念

合同又称契约，是当事人之间确立一定权利义务关系的协议。广泛的合同，泛指一切能发生某种权利义务关系的协议。

计划经济期间，所有建设工程项目都由国家调控，工程建设中的一切活动均由政府统筹安排，建设行为主体都按政府指令行事，并只对政府负责。行为主体之间并无权利义务关系存在，所以，也无须签订合同。但在市场经济条件下，政府只对工程建设市场进行宏观调控，建设行为主体均按市场规律平等参与竞争，各行为主体的权利义务皆由当事人通过签订合同自主约定，因此，建设工程合同成为明确承发包双方责任、保证工程建设活动得以顺利进行的主要调控手段之一，其重要性已随着市场经济体制的进一步确立而日益明显。

需要指出，除建设工程合同以外，在工程建设过程中，还会涉及许多其他合同，如设备、材料的购销合同，工程监理的委托合同，货物运输合同，工程建设资金的借贷合同，机械设备的租赁合同，保险合同等，这些合同同样是十分重要的。

（二）合同的法律特征

1. 合同的主体是经济法律认可的自然人、法人和其他组织

自然人包括我国公民和外国自然人，其他组织包括个人独资企业、合伙企业等。

2. 合同当事人的法律地位平等

合同是当事人之间意思表示一致的法律行为，只有合同各方的法律地位平等时，才能保证当事人真实地表达自己的意志。所谓平等，是指当事人在合同关系中法律地位是平等的，不存在谁领导谁的问题，也不允许任何一方将自己的意志强加于对方。

3. 合同是设立、变更、终止债权债务关系的协议

首先，合同是以设立、变更和终止债权债务关系为目的的；其次，合同只涉及债权债务关系；再次，合同之所以称为协议，是指当事人意思表示一致，即当事人之间形成了合意。

二、建设工程合同管理的概念

建设工程合同是承包人进行工程建设、发包人支付价款的合同。建设工程合同包括工程勘察、设计、施工合同。建设工程合同管理，指在工程建设活动中，对工程项目所涉及的各类合同的协商、签订与履行过程进行科学管理工作，保证工程项目目标实现的活动。

建设工程合同管理的目标主要包括工程的工期管理、质量与安全管理、成本（投资）管理、信息管理和环境管理。其中，工期主要包括总工期、工程开工与竣工日期、工程进度及工程中的一些主要活动的持续时间等；工程质量主要包括其在安全、使用功能及其在耐久性能、环境保护等方面所有明显的、隐含的能力的特性总和。据此，可将建设工程质量概括为：根据国家现行的有关法律、法规、技术标准、设计文件的规定和合同的约定，对工程的安全、适用、经济、美观等特性的综合要求。工程成本主要包括合同价格、合同外价格、设计变更后的价格、合同的风险等。

三、建设工程合同管理的原则

建设工程合同管理一般应遵循以下五个原则：

（一）合同第一位原则

在市场经济中，合同是当事人双方经过协商达成一致的协议，签订合同是双方的民事行为。在合同所定义的经济活动中，合同是第一位的，作为双方的高行为准则，合同限定和调节着双方的义务和权利。任何工程问题和争议首先都要按照合同解决，只有当法律判定合同无效，或争议超过合同范围时才按法律解决。所以在工程建设过程中，合同具有法律上的高优先地位。合同一经签订，则成为一个法律文件。双方按合同内容承担相应的法

律责任，享有相应的法律权利。合同双方都必须用合同规范自己的行为，并用合同保护自己。

在任何国家，法律确定经济活动的约束范围和行为准则，而具体经济活动的细节则由合同规定。

（二）合同自愿原则

合同自愿是市场经济运行的基本原则之一，也是一般国家的法律准则。合同自愿体现在以下两个方面：

（1）合同签订时，双方当事人在平等自愿的条件下进行商讨。双方自由表达意见，自己决定签订与否，自己对自己的行为负责。任何人不得利用权力、暴力或其他手段向对方当事人进行胁迫，以致签订违背当事人意愿的合同。

（2）合同自愿构成。合同的形式、内容、范围由双方商定。合同的签订、修改、变更、补充和解释，以及合同争执的解决等均由双方商定，只要双方一致同意即可，他人不得随便干预。

（三）合同的法律原则

建设工程合同都是在一定的法律背景条件下签订和实施的，合同的签订和实施必须符合合同的法律原则。它具体体现在以下三个方面：

（1）合同不能违反法律，合同不能与法律相抵触，否则合同无效。这是对合同有效性的控制。

（2）合同自由原则受法律原则的限制，所以工程实施和合同管理必须在法律所限定的范围内进行。超越这个范围，触犯法律，会导致合同无效、经济活动失败，甚至会带来承担法律责任的后果。

（3）法律保护合法合同的签订和实施。签订合同是一个法律行为，合同一经签订，合同以及双方的权益即受法律保护。如果合同一方不履行或不正确履行合同，致使对方利益受到损害，则必须赔偿对方的经济损失。

（四）诚实信用原则

合同的签订和顺利实施应建立在承包商、业主和工程师紧密协作、互相配合、互相信任的基础上，合同各方对自己的合作伙伴、对合同及工程的总目标充满信心，业主和承包商才能圆满地执行合同，工程师才能正确、公正地解释和进行合同管理。在工程建设实施过程中，各方只有互相信任才能紧密合作，才能有条不紊地工作，才可以从总体上减少各方心理上的互相提防和由此产生的不必要的互相制约。这样，工程建设就会更为顺利地实施，风险和误解就会较少，工程花费也会较少。

诚实信用有以下五个基本的要求和条件：

（1）签约时双方应互相了解，任何一方应尽力让对方正确地了解自己的要求、意图及其他情况。业主应尽可能地提供详细的工程资料、工程地质条件的信息，并尽可能详细地解答承包商的问题，为承包商的报价提供条件。承包商应尽可能提供真实可靠的资格预审资料、各种报价单、实施方案、技术组织措施文件。

（2）任何一方都应真实地提供信息，对所提供信息的正确性负责，并且应当相信对方提供的信息。

（3）不欺诈，不误导。承包商按照自己的实际能力和情况正确报价，不盲目压价，并且明确业主的意图和自己的工程责任。

（4）双方真诚合作。承包商应正确全面地履行合同义务，积极施工，遇到干扰应尽量避免业主遭受损失，防止损失的发生和扩大。

（5）在市场经济中，诚实信用原则必须有经济的、合同的甚至是法律的措施，如工程保函、保留金和其他担保措施，对违约的处罚规定和仲裁条款，法律对合法合同的保护措施，法律和市场对不诚信行为的打击和惩罚措施等予以保证。没有这些措施保证或措施不完备，就难以形成诚实信用的氛围。

（五）公平合理原则

建设工程合同调节双方的合同法律关系，应不偏不倚，维护合同双方在工程建设中的公平合理的关系。具体表现在以下五方面：

（1）承包商提供的工程（或服务）与业主支付的价格之间应体现公平的原则，这种公平通常以当时的市场价格为依据。

（2）合同中的责任和权利应平衡，任何一方有一项责任就必须有相应的权利；反之，有权利就必须有相应的责任。应无单方面的权利和单方面的义务条款。

（3）风险的分担应公平合理。

（4）工程合同应体现工程惯例。工程惯例是指建设工程市场中通常采用的做法，一般比较公平合理，如果合同中的规定或条款严重违反惯例，往往就违反了公平合理的原则。

（5）在合同执行中，应对合同双方公平地解释合同，统一使用法律尺度来约束合同双方。

四、施工合同

（一）施工合同的概念

水利工程施工合同，是发包人与承包人为完成特定的工程项目，明确相互权利、义务关系的协议，它的标的是建设工程项目。按照合同规定，承包人应完成项目施工任务并取得利润，发包人应提供必要的施工条件并支付工程价款而得到工程。

施工合同管理是指水利建设主管机关、相应的金融机构，以及建设单位、监理单位、承包企业依照法律和行政法规、规章制度，采取法律的、行政的手段，对施工合同关系进行组织、指导、协调和监督，保护施工合同当事人的合法权益，处理施工合同纠纷，防止和制裁违法行为，保证施工合同法规的贯彻实施等一系列活动。施工合同管理的目的是约束双方遵守合同规则，避免双方责任的分歧以及不严格执行合同而造成经济损失。施工合同管理的作用主要体现在：一是可以促使合同双方在相互平等、诚信的基础上依法签订切实可行的合同；二是有利于合同双方在合同执行过程中相互监督，确保合同顺利实施；三是合同中明确规定了双方具体的权利与义务，通过合同管理确保合同双方严格执行；四是通过合同管理，增强合同双方履行合同的自觉性，使合同双方自觉遵守法律规定，共同维护当事人双方的合法权益。

（二）监理人对施工合同的管理

1. 在工期管理方面

按合同规定，要求承包人提交施工总进度计划，并在规定的期限内批复，经批准的施工总进度计划（称合同进度计划），作为控制工程进度的依据，据此要求承包人编制年、季和月进度计划，并加以审核；按照年、季和月进度计划进行实际检查；分析影响进度计划的因素，并加以解决；不论何种原因发生工程实际进度与合同进度计划不符时，要求承包人提交一份修订的进度计划，并加以审核。

2. 在质量管理方面

检验工程使用的材料、设备质量；检验工程使用的半成品及构件质量；按合同规定的规范、规程，监督检验施工质量；按合同规定的程序，验收隐蔽工程和需要中间验收工程的质量；验收单项竣工工程和全部竣工工程的质量等。

3. 在费用管理方面

严格对合同约定的价款进行管理；对预付工程款的支付与扣还进行管理；对工程进行计量，对工程款的结算和支付进行管理；对变更价款进行管理；按约定对合同价款进行调整，办理竣工结算；对保留金进行管理等。

五、施工合同的分类

（一）施工合同的分类

1. 总价合同

总价合同是发包人以一个总价将工程发包给承包人，当招标时有比较详细的设计图纸、说明书及能准确算出工程量，可采取这种合同，总价合同又可分为以下三种：

（1）固定总价合同

合同双方以图纸和工程说明为依据，按商定的总价进行承包，除非发包人要求变更原定的承包内容，否则承包人不得要求变更总价。这种合同方式一般适用于工程规模较小、技术不太复杂、工期较短且签订合同时已具备详细的设计文件的情况。对于承包人来说可能有物价上涨的风险，在报价时应考虑这种风险，故报价一般较高。

（2）可调价总价合同

在投标报价及签订施工合同时，以设计图纸、《工程量清单》及当时的价格计算签订总价合同。但合同条款中商定，如果通货膨胀引起工料成本增加，合同总价应相应调整。这种合同发包人承担了物价上涨风险，这种计价方式适用于工期较长、通货膨胀率难以预测、现场条件较为简单的工程项目。

（3）固定工程量总价合同

承包人在投标时，按单价合同办法，分别填报分项工程单价，从而计算出总价，据此签订合同，在完工后，如增加了工程量，则用合同中已确定的单价来计算新的工程量和调整总价。这种合同方式，要求《工程量清单》中的工程量比较准确。合同中的单价不是成品价，单价中不包括所有费用。

2. 单价合同

（1）估算工程量单价合同

承包人在投标时，按工程量表中的估算工程量为基础，填入相应的单价为报价。合同总价是估算工程量乘单价，在完工后，单价不变，工程量按实际工程量计算。这种合同形式适用于招标时难以准确确定工程量的工程项目，这里的单价是成品价，与上面不同。

这种合同形式的优点是：可以减少招标准备工作；发包人按《工程量清单》开支工程款，减少了意外开支；能鼓励承包人节约成本；结算简单。缺点是：对于某些不易计算工程量的项目或工程费应分摊在许多工程的复杂工程项目，这种合同易引起争议。

（2）纯单价合同

招标文件只向投标人给出各分项工程内的工作项目一览表、工程范围及必要的说明，而不提供工程量，承包人只要给出单价，将来按实际工程量计算。

3. 实际成本加酬金合同

实报实销加事先商定的酬金确定造价，这种合同适合于工程内容及技术经济指标未能完全确定，不能提出确切的费用而又急于开工的工程；或是工程内容可能有变更的新型工程；以及施工把握不大或质量要求很高——容易返工的工程。缺点是发包人难以对工程总造价进行控制，而承包人也难以精打细算节约成本，所以此种合同采用较少。

4. 混合合同

以单价合同为主、总价合同为辅，主体工程用固定单价，小型或临时工程用固定总价。

水利工程中由于工期长，常使用单价合同。在 FIDIC 条款中，是采取单位单价方式，即按各项工程的单价进行结算，它的特点是尽管工程项目变化，承包人总金额随之变化，但单位单价不变，整个工程施工及结算中，保持同一单价。

（二）施工合同类型的选择

水利工程项目选用哪种合同类型，应根据工程项目特点、技术经济指标、招标设计深度，以及确保工程成本、工期和质量的要求等因素综合考虑后决定。

1. 根据项目规模、工期及复杂程度

对于中小型水利工程一般可选用总价合同，对于规模大、工期长且技术复杂的大中型工程项目，由于施工过程中可能遇到的不确定因素较多，通常采用单价合同承包。

2. 根据工程设计明确程度

对于施工图设计完成后进行招标的中小型工程，可以采用总价合同。对于建设周期长的大型复杂工程，往往初步设计完成后就开始施工招标，由于招标文件中的工作内容详细程度不够，投标人据以报价的工程量为预计量值，一般应采用单价合同。

3. 根据采用先进施工技术的情况

如果发包的工作内容属于采用没有可遵循规范、标准和定额的新技术或新工艺施工，较为保险的做法是采用成本加酬金合同。

4. 根据施工要求的紧迫程度

某些紧急工程，特别是灾后修复工程，要求尽快开工且工期较紧。此时可能仅有实施方案，还没有设计图纸。由于不可能让承包人合理地报出承包价格，只能采用成本加酬金合同。

第二节　施工合同分析与控制

一、施工合同分析

（1）在一个水利枢纽工程中，施工合同往往有几份、十几份甚至几十份，各合同之间相互关联。

（2）合同文件和工程活动的具体要求（如工期、质量、费用等）、合同各方的责任关系、事件和活动之间的逻辑关系错综复杂。

（3）许多参与工程的人员所涉及的活动和问题仅为合同文件的部分内容，因此合同管理人员应对合同进行全面分析，再向各职能人员进行合同交底以提高工作效率。

（4）合同条款的语言有时不够明了，必须在合同实施前进行分析，以方便进行合同的管理工作。

（5）在合同中存在的问题和风险包括合同审查时已发现的风险和还可能隐藏着的风险，在合同实施前有必要做进一步分析。

（6）在合同实施过程中，双方会产生许多争执，解决这些争执也必须对合同进行分析。

二、合同分析的内容

（一）合同的法律背景分析

分析合同签订和实施所依据的法律、法规，承包人应了解适用于合同的法律的基本情况（范围、特点等），指导整个合同实施和索赔工作，对合同中明示的法律要重点分析。

（二）合同类型分析

类型不同的合同，其性质、特点、履行方式不一样，双方的责任、权利关系和风险分担也不一样，这直接影响合同双方的责任和权利的划分，影响工程施工中合同的管理和索赔。

（三）承包人的主要任务分析

1. 承包人的责任

承包人的责任包括：承包人在设计、采购、生产、试验、运输、土建、安装、验收、试生产、缺陷责任期维修等方面的责任；施工现场的管理责任；给发包人的管理人员提供生活和工作条件的责任等。

2. 工作范围

它通常由合同中的工程量清单、图纸、工程说明、技术规范定义。工程范围的界限应很清楚，否则会影响工程变更和索赔，特别是固定总价合同的工作范围。

3. 工程变更的规定

重点分析工程变更程序和工程变更的补偿范围。

（四）发包人的责任分析

发包人的责任分析主要是分析发包人的权利和合作责任。发包人的权利是承包人的合作责任，是承包人容易产生违约行为的地方；发包人的合作责任是承包人顺利完成合同规定任务的前提，同时又是承包人进行索赔的理由。

（五）合同价格分析

应重点分析合同采用的计价方法、计价依据、价格调整方法、合同价格所包括的范围及工程款结算方法和程序。

（六）施工工期分析

分析施工工期，合理安排工作计划，在实际工程中，工期拖延极为常见和频繁，对合同实施和索赔影响很大，要特别重视。

（七）违约责任分析

如果合同的一方未遵守合同规定，造成对方损失，则应受到相应的合同处罚。违约责任分析主要包括如下内容：

（1）承包人不能按合同规定的工期完成工程的违约金或承担发包人损失的条款。

（2）由于管理上的疏忽而造成对方人员和财产损失的赔偿条款。

（3）由于预谋和故意行为造成对方损失的处罚和赔偿条款。

（4）由于承包人不履行或不能正确履行合同责任，或出现严重违约时的处理规定。

（5）由于发包人不履行或不能正确履行合同责任，或出现严重违约时的处理规定，特别是对发包人不及时支付工程款的处理规定。

（八）验收、移交和保修分析

1. 验收

验收包括许多内容，如材料和机械设备的进场验收、隐蔽工程验收、单项工程验收、全部工程竣工验收等。

在合同分析中，应对重要的验收要求、时间、程序以及验收所带来的法律后果做出说明。

2. 移交

竣工验收合格即办理移交。应详细分析工程移交的程序，对工程尚存的缺陷、不足之处以及应由承包人完成的剩余工作，发包人可保留其权利，并指令承包人限期完成，承包人应在移交证书上注明的日期内尽快地完成这些剩余工程或工作。

3. 保修

分析保修期限和保修责任的划分。

（九）索赔程序和争执解决的分析

重点分析索赔的程序、争执的解决方式和程序以及仲裁条款，包括仲裁所依据的法律，仲裁地点、方式和程序，仲裁结果的约束力等。

三、合同控制

（一）预付款控制

预付款是承包工程开工以前业主按合同规定向承包人支付的款项。承包人利用此款项进行施工机械设备和材料以及在工地设置生产、办公和生活设施的开支。预付款金额的上限为合同总价的五分之一，一般预付款的额度为合同总价的10%~15%。

预付款的实质是承包人先向业主提取的贷款，是没有利息的，在开工以后是要从每期工程进度款中逐步扣除还清的。通常对于预付款，业主要求承包商出具预付款保证书。

工程合同的预付款，按世界银行采购指南规定分为以下三种：

1. 调遣预付款

用作承包商施工开始的费用开支，包括临时设施、人员设备进场、履约保证金等费用。

2. 设备预付款

用于购置施工设备。

3. 材料预付款

用于购置建筑材料。其数额一般为该材料发票价的75%以下，在月进度付款凭证中办理。

（二）工程进度款

工程进度款是承包商依据工程进度的完成情况，不仅要计算工程量所需的价格，还要增加或者扣除相应的项目款才为每月所需的工程进度款。此款项一般须承包商尽早向监理工程师提交该月已完工程量的进度款付款申请，按月支付，是工程价款的主要部分。

承包商要核实投标及变更通知后报价的计算数字是否正确、核实申请付款的工程进度情况及现场材料数量、已完工程量，项目经理签字后交驻地监理工程师审核，驻地监理工程师批准后转交业主付款。

（三）保留金

保留金也称滞付金，是承包商履约的另一种保证，通常是从承包商的进度款中扣下一定百分比的金额，以便在承包商违约时起补偿作用。在工程竣工后，保留金应在规定的时间退还给承包商。

（四）浮动价格计算

外界环境的变化如人工、材料、机械设备价格会直接影响承包商的施工成本。假若在合同中不对此情况进行考虑，按固定价格进行工程价格计算的话，承包商就会为应对合同中未来的风险而进行费用的增加，如果合同规定不按浮动价格计算工程价格，承包商就会预测由合同期内的风险而增加费用，该费用应计入标价中。一般来说，短期的预测结果还是比较可靠的，但对远期预测就可能不准确，这就造成承包商不得不大幅度提高标价以避免未来风险带来的损失。这种做法难以正确估算风险费用，估算偏高或偏低，无论是对业主和承包商来说都是不利的。为获得一个合理的工程造价，工程价款支付可以采用浮动价格的方法来解决。

（五）结算

当工程接近尾声时要进行大量的结算工作。同一合同中包含需要结算的项目不止一个，可能既包括按单价计价项目，又包括按总价付款项目。当竣工报告已由业主批准，该项目已被验收时，该建筑工程的总款额就应当立即支付。按单价结算的项目，在工程施工中已按月进度报告付过进度款，由现场监理人员对当时的工程进度工程量进行核定，核定承包人的付款申请并付了款，但当时测定的工程量可能准确也可能不准确，所以该项目完工时应由一支测量队来测定实际完成的工程量，然后按照现场报告提供的资料，审查所用材料是否该付款，扣除合同规定已付款的用料量，成本工程师则可标出实际应当付款的数量。承包人自己的工作人员记录的按单价结算的材料使用情况与工程师核对，双方确认无误后支付项目的结算款。

四、发包人违约

（一）违约行为

发包人应当按合同约定履行相应的义务。如果发包人不履行合同义务或不按合同约定履行义务，则应承担相应的违约责任。发包人的违约行为包括：

（1）发包人不按合同约定按时支付工程预付款。

（2）发包人不按合同约定支付工程进度款，导致施工无法进行。

（3）发包人无正当理由不支付工程竣工结算价款。

（4）发包人不履行合同义务或者不按合同约定履行义务的其他情况。

发包人的违约行为可以分成两类：一类是不履行合同义务，如发包人应当将施工所需的水、电、电信线路从施工场地外部接至约定地点，但发包人没有履行该项义务，即构成违约；另一类是不按合同约定履行义务，如发包人应当开通施工场地与城乡公共道路的通道，并在专用条款中约定了开通的时间和质量要求，但实际开通的时间晚于约定或质量低于合同约定，也构成违约。

（二）违约责任

合同约定应该由工程师完成的工作，工程师没有完成或没有按照约定完成，给承包人造成损失的，也应当由发包人承担违约责任。因为工程师是代表发包人进行工作的，其行为与合同约定不符时，视为发包人的违约。发包人承担违约责任后，可以根据监理委托合同追究监理单位相应的责任。

发包人承担违约责任的方式有以下四种：

（1）赔偿因其违约给承包人造成的经济损失

赔偿损失是发包人承担违约责任的主要方式，其目的是补偿因违约给承包人造成的经济损失。承包人、发包人双方应当在专用条款内约定发包人赔偿承包人损失的计算方法。损失赔偿额应当相当于因违约所造成的损失，包括合同履行后可以获得的利益，但不得超过发包人在订立合同时预见或者应当预见到的因违约可能造成的损失。

（2）支付违约金

支付违约金的目的是补偿承包人的损失，双方在专用条款中约定发包人应当支付违约金的数额或计算方法。

（3）顺延延误的工期

对于因为发包人违约而延误的工期，应当相应顺延。

（4）继续履行

发包人违约后，承包人要求发包人继续履行合同的，发包人应当在承担上述违约责任后继续履行施工合同。

五、承包人违约

（一）违约的情况

承包人的违约行为主要有以下三种情况：

（1）因承包人原因不能按照协议书约定的竣工日期或者工程师同意顺延的工期竣工。

（2）因承包人原因工程质量达不到协议书约定的质量标准。

（3）承包人不履行合同义务或不按合同约定履行义务的其他情况。

（二）违约责任

承包人承担违约责任的方式有以下四种：

1. 赔偿因其违约给发包人造成的损失

承、发包人双方应当在专用条款内约定承包人赔偿发包人损失的计算方法。损失赔偿额应当相当于因违约所造成的损失，包括合同履行后可以获得的利益，但不得超过承包人在订立合同时预见或者应当预见到的因违约可能造成的损失。

2. 支付违约金

双方可以在专用条款中约定承包人应当支付违约金的数额或计算方法。发包人在确定违约金的费率时，一般要考虑以下因素：

（1）发包人盈利损失。

（2）由于工期延长而引起的贷款利息增加。

（3）工程拖期带来的队附加监理费。

（4）由于本工程拖期无法投入使用，租用其他建筑物时的租赁费。

至于违约金的计算方法，在每个合同文件中均有具体规定，一般按每延误 1 天赔偿一定的款额计算，累计赔偿额一般不超过合同总额的 10%。

3. 采取补救措施

对于施工质量不符合要求的违约，发包人有权要求承包人采取返工、修理、更换等补救措施。

4. 继续履行

承包人违约后，如果发包人要求承包人继续履行合同，承包人承担上述违约责任后仍应继续履行施工合同。

六、监理工程师职责

监理工程师在发包方与承包方订立的承包合同中属于独立的第三方，其职责由监理委托合同和承、发包双方签订的承包合同规定，主要职责是受项目法人委托对工程项目的质量、进度、投资、安全进行控制，对工程合同和项目信息进行管理，协调各方在合同履行过程中的各种关系，为顺利按计划实现工程建设目标而努力。监理工程师的主要职责如下：

（1）按监理合同的规定协助发包方进行除监理招标以外的各项招标工作。如采用委托代理招标，则招标工作主要由招标代理机构负责。

（2）按监理合同要求全面负责对工程的监督与管理，协调各承包方的关系，对合同文件进行解释（具体由监理合同明确），处理各方矛盾。

（3）按合同规定权限向承包方发布开工令，发布暂停工程或部分工程施工的指示，发布复工令。审批由于发包方原因而引起的承包方的工期延误，核实承包方提前完工的时间。

（4）负责核签和解释、变更、说明工程设计图纸，发出图纸变更命令，提供新的补充图纸，审批承包商提供的施工设计图、浇筑图和加工图。

（5）得到发包方同意后，批准工程的分包。

（6）有权要求撤换那些不能胜任本项目职责工作或行为不端或玩忽职守的承包方的任何人员。

（7）有权检查承包方人员变动情况，可随时检查承包方人员上岗资料证明。

（8）核查承包方进驻工地的施工设备，有权要求承包方增加和更换施工设备，批准承包方变更设备。

（9）审批承包方提供的总进度计划、年度、季度和月进度计划或单位工程进度计划，审批赶工措施，修正进度计划，经发包方授权批准承包方延长完工期限。

（10）审批承包方的质检体系，审查承包方的质量报表，有权对全部工程的所有部位及任何一项工艺、材料和工程设备进行检查和检验。

（11）参与检查验收合同规定的各种材料和工程设备。

（12）对隐蔽工程和工程的隐蔽部分进行验收。

（13）指示承包方及时采取措施清除处理不合格的工程材料和工程设备。

（14）按合同规定期限向承包方提交测量基准点、基准线和水准点及其书面资料，审批承包方的施工控制网。

（15）批准或指示承包方进行必要的补充地质勘探。

（16）检查、监督、指挥全工地的施工作业安全以及消防、防汛和抗灾等工作，审批承包方的安全生产计划。

（17）审核和出具预付款证书，审核承包方每月提供的工程量报表和有关计量资料，核定承包方每月进度付款申请单，向发包方出具进度付款证书。

（18）复核承包方提交的完工付款清单和最终付款申请单，或出具临时付款证书。

（19）协调发包方与承包方因政策、法规引起的价格调整的合同金额。

（20）根据工程需要和发包方授权，指示承包方进行合同规定的变更（协调和调整合同价格超过15%时的调整金额。此项授权范围具体由招标文件和合同规定）。

（21）指令承包方以计日工方式进行任何一项变更工作，批准动用备用金。

（22）对承包方违约发出警告，责令承包方停工整顿，暂停支付工程款。

（23）按合同规定处理承、发包方的违约纠纷和索赔事项。

（24）审核承包方提交分部工程、单位工程和整体工程的完工验收申请报告并给出审核意见，根据发包方授权签署工程移交证书给承包方。

（25）组织验收承包方在规定的保修期内应完成的日常维护和缺陷修复工作。根据发包方授权签署和颁发保修责任终止证书给承包方。

（26）组织验收承包方按合同规定应完成的完工清场和撤退前需要完成的所有工作。

（27）批准承包方提出的合理化建议。

（28）监理委托合同中规定的监理工程师的其他权利以及在各种补充协议中发包方授权监理工程师行使的一切权利。

第三节　FIDIC合同条件

一、FIDIC简介

FIDIC是指国际咨询工程师联合会。它是由该联合会的五个法文词首字母组成的缩写词。国际咨询工程师联合会是国际上最具权威性的咨询工程师组织，为规范国际工程咨询和承包活动，该组织编制了许多标准合同条件，使 FIDIC 合同条件不仅适用于国际招标合同，只要把专用条件稍加修改，也同样适用于国内招标合同。采用这种标准的合同格式有明显的优点，能合理平衡有关各方之间的要求和利益，尤其能公平地在合同各方之间分配风险和责任。

二、施工合同文件的组成

构成合同的各个文件应被视作相互说明的。为解释之目的，各文件的先后次序如下：

（1）合同协议书。

（2）中标函。

（3）投标函。

（4）合同专用条件。

（5）合同通用条件。

（6）规范。

（7）图纸。

（8）资料表以及其他构成合同一部分的文件。

如果在合同文件中发现任何含混或矛盾之处，工程师应颁布任何必要的澄清或指示。

三、合同争议的解决

（一）解决合同争议的程序

首先由双方在投标记录中规定的日期前，联合任命一个争议裁决委员会（DAB）。

如果双方发生了有关或起因于合同或工程实施的争议，任何一方可以将该争议以书面形式，提交 DAB，并将副本送至另一方和工程师，委托 DAB 做出决定。双方应按照 DAB 为对该争议做出决定可能提出的要求，立即给 DAB 提供所需的所有资料、现场进入权及相应的设施。

DAB 应在收到此项委托后 84 天内，提出它的决定。

如果任何一方对 DAB 的决定不满意，可以在收到该决定通知后 28 天内，将其不满向另一方发出通知。

在发出了表示不满的通知后，双方在仲裁前应努力以友好的方式解决争议，如果仍不能达成一致意见，仲裁在表示不满的通知发出后 56 天内进行。

（二）争议裁决委员会

1. 争议裁决委员会的组成

在签订合同时，业主与承包商通过协商组成裁决委员会。裁决委员会可选定为一名或三名成员，一般由三名成员组成，合同每一方应提名一名成员，由对方批准。双方应与这两名成员共同商定第三位成员，第三人作为主席。

2. 争议裁决委员会的性质

属于非强制性但具有法律效力的行为，相当于我国法律中解决合同争议的调解，但其性质则属于个人委托。成员应满足以下要求：

（1）对承包合同的履行有经验。

（2）在合同的解释方面有经验。

（3）能流利地使用合同中规定的交流语言。

3. 工作

由于裁决委员会的主要任务是解决合同争议，因此不同于工程师需要常驻工地。

（1）平时工作

裁决委员会的成员对工程的实施定期进行现场考察，了解施工进度和实际潜在的问题，一般在关键施工作业期间到现场考察，但两次考察的间隔时间不少于 140 天，在离开现场前，应向业主和承包商提交考察报告。

（2）解决合同争议的工作

在接到任何一方申请后，在工地或其他选定的地点处理争议的有关问题。

4. 报酬

付给委员的酬金分为月聘请费用和日酬金两部分，由业主与承包商平均负担。裁决委员会到现场考察和处理合同争议的报酬按日酬金计算，相当于咨询费。

5. 成员的义务

保证公正处理合同争议是其最基本的义务，虽然当事人双方各提名一名成员，但他们不能代表任何一方的单方利益，因此合同规定：

（1）在业主与承包商双方同意的任何时候，他们可以共同将事宜提交给争议裁决委员会，由其提出意见。没有双方的同意，任一方不得就任何事宜向争议裁决委员会建议。

（2）裁决委员会或其中的任何成员不应从业主、承包商或工程师处单方获得任何经济利益或其他利益。

（3）不得在业主、承包商或工程师处担任咨询顾问或其他职务。

（4）合同争议提交仲裁时，不能被任命为仲裁人，只能作为证人向仲裁提供争议证据。

第四节 合同实施

一、合同交底

合同交底是由合同管理人员在对合同的主要内容进行分析、解释和说明的基础上，通过组织项目管理人员和各个工程小组学习合同条文和合同总体分析结果，使大家熟悉合同中的主要内容、规定、管理程序，了解合同双方的合同责任和工作范围、各种行为的法律后果等，使大家都树立全局观念，使各项工作协调一致，避免执行中的违约行为。

在传统的施工管理系统中，人们十分重视图纸交底工作，却不重视合同交底工作，导致各个项目组和各个工程小组对项目的合同体系、合同基本内容不甚了解，影响了合同的履行。

项目经理或合同管理人员应将各种任务或事件的责任分解，落实到具体的工作小组、人员和分包单位。合同交底的目的和任务如下：

（1）对合同的主要内容达成一致理解。

（2）将各种合同事件的责任分解落实到各工程小组或分包商。

（3）将工程项目和任务分解，明确其质量和技术要求以及实施的注意要点等。

（4）明确各项工作或各个工程的工期要求。

（5）明确成本目标和消耗标准。

（6）明确相关事件之间的逻辑关系。

（7）明确各个工程小组（分包人）之间的责任界限。

（8）明确完不成任务的影响和法律后果。

（9）明确合同有关各方的责任和义务。

二、合同实施跟踪

（一）施工合同跟踪

合同签订后，合同中各项任务的执行要落实到具体的项目经理部或具体的项目参与人，承包单位作为履行合同义务的主体，必须对项目经理部或项目参与人的履行情况进行跟踪、监督和控制，确保合同义务的完全履行。

施工合同跟踪有两个方面的含义：一是承包单位的合同管理职能部门对项目经理部或项目参与人的履行情况进行的跟踪、监督和检查；二是项目经理部或项目参与人本身对合同计划的执行情况进行的跟踪、检查与对比。在合同实施过程中二者缺一不可。

1. 合同跟踪的依据

合同跟踪的重要依据首先是合同以及依据合同而编制的各种计划文件；其次还要依据各种实际工程文件，如原始记录、报表、验收报告等；另外，还要依据管理人员对现场情况的直观了解，如现场巡视、交谈、会议、质量检查等。

2. 合同跟踪对象

（1）承包的任务

①工程施工的质量。包括材料、构件、制品和设备等的质量，以及施工或安装质量是否符合合同要求等。

②工程施工的进度。是否在预定的期限内施工，工期有无延长，延长的原因是什么等。

③工程施工的数量。是否按合同要求完成全部施工任务，有无合同规定以外的施工任务等。

④成本的增加或减少。

（2）工程小组或分包人的工程和工作

可以将工程施工任务分别交由不同的工程小组或发包给专业分包人完成，工程承包商必须对这些工程小组或分包人及其所负责的工程进行跟踪检查、协调关系，提出意见、建议或警告，保证工程总体质量和进度。

对专业分包人的工作和负责的工程，总承包商负有协调和管理的责任，并承担由此造成的损失，所以专业分包人的工作和负责的工程必须纳入总承包的计划和控制中，防止因分包人工程管理失误而影响全局。

（3）业主和其委托的工程师的工作

①业主是否及时、完整地提供了工程施工的实施条件，如场地、图纸、资料等。

②业主和工程师是否及时给予了指令、答复和确认等。

③业主是否及时并足额地支付了应付的工程款项。

（二）偏差分析

通过合同跟踪，可能会发现合同实施中存在的偏差，即工程的实际情况偏离了工程计划和工程目标，应该及时分析原因，采取措施，纠正偏差，避免损失。

合同实施偏差分析的内容包括以下三个方面。

1. 产生偏差的原因分析

通过对合同执行实际情况与实施计划的对比分析，不仅可以发现合同实施的偏差，而且可以探索引起差异的原因。原因分析可以采用鱼刺图、因果关系分析图（表）、成本量差、价差、效率差分析等方法定性或定量地进行。

2. 合同实施偏差的责任分析

即分析产生合同偏差的原因是由谁引起的、应该由谁承担责任。责任分析必须以合同为依据，按合同规定落实双方的责任。

3. 合同实施的趋势分析

针对合同实施偏差情况，可以采取不同的措施，应分析在不同措施下合同执行的结果与趋势，包括：

（1）最终的工程状况，包括总工期的延误、总成本的超支、质量标准、所能达到的生产能力（或功能要求）等。

（2）承包商将承担什么样的后果，如被罚款、被清算，甚至被起诉，对承包商资信、企业形象、经营战略的影响等。

（3）最终工程经济效益（利润）水平。

（三）偏差的处理

根据合同实施偏差分析的结果，承包商应该采取相应的调整措施。调整措施可以分为：

（1）组织措施，如增加人员投入、调整人员安排、调整工作流程和工作计划等。

（2）技术措施，如变更技术方案，采用新的高效率的施工方案等。

（3）经济措施，如增加投入、采取经济激励措施等。

（4）合同措施，如进行合同变更、采取附加协议、采取索赔手段等。

（四）工程变更管理

工程变更管理一般是指在工程施工过程中，根据合同约定对施工的程序、工程的内容、数量、质量要求及标准等做出的变更。

1. 工程变更的原因

工程变更一般主要有以下六个方面的原因：

（1）业主的变更指令。如业主有新的意图、对建筑的新要求、业主修改项目计划、削减项目预算等。

（2）由于设计人员、监理方人员、承包商事先没有很好地理解业主的意图，或设计的错误，导致图纸修改。

（3）工程环境的变化。预定的工程条件不准确，要求实施方案或实施计划变更。

（4）由于产生新技术和知识，有必要改变原计划、预案实施方案或实施计划，或由于业主指南及业主责任的原因造成施工方案的改变。

（5）政府部门对工程有新的要求，如国家计划变化、环境保护要求、城市规划变动等。

（6）由于合同实施出现问题，必须调整合同目标或修改合同条款。

2. 工程变更的范围

根据 FIDIC 施工合同条件，工程变更的内容可能包括以下六个方面：

（1）改变合同中所包括的任何工作的数量。

（2）改变任何工作的质量和性质。

（3）改变工程任何部分的标高、基准线、位置和尺寸。

（4）删减任何工作，但要交他人实施的工作除外。

（5）任何永久工程需要的任何附加工作、工程设备、材料或服务。

（6）改动工程的施工顺序或时间安排。

根据我国合同示范文本，工程变更包括设计变更和工程质量标准等其他实质性内容的变更，其中设计变更包括：第一，更改工程有关部分的标高、基准线、位置和尺寸；第二，增减合同中约定的工程量；第三，改变有关工程的施工时间和顺序；第四，其他有关工程变更需要的附加工作。

3. 工程变更的程序

工程变更是索赔的主要起因。由于工程变更对工程施工过程影响很大，会造成工期的拖延和费用的增加，容易引起双方的争执，所以要十分重视工程变更管理问题。

一般工程施工承包合同中都有关于工程变更的具体规定。工程变更一般按照如下程序：

（1）提出工程变更

根据工程实施的实际情况，承包商、业主、工程师、设计单位都可以根据需要提出工程变更。

（2）工程变更的批准

承包商提出的工程变更，应该交与工程师审查并批准；由设计方提出的工程变更应该与业主协商或经业主审查并批准；由业主方提出的工程变更，涉及设计修改的应该与设计单位协商，并且一般通过工程师发出。工程师发出工程变更的权利，一般会在施工合同中明确约定，通常在发出变更通知前应征得业主批准。

（3）工程变更指令的发出及执行

为了避免耽误工程，工程师和承包商就变更价格和工期补偿达成一致意见之前有必要先行发布指示，先执行工程变更工作，然后就变更价格和工期补偿进行协商和确定。

工程变更指令的发出有两种形式：书面形式和口头形式。一般情况下要求用书面形式发布变更指示，如果由于情况紧急而来不及发出书面指示，承包商应该根据合同规定要求工程师书面认可。

根据工程惯例，除非工程师明显超越合同权限，承包商应该无条件地执行工程变更的指示。即使工程变更价款没有规定，或者承包商对工程师答应给予付款的金额不满意，承包商也必须一边进行变更工作，一边根据合同寻求解决办法。

4. 工程变更的责任分析与补偿要求

根据工程变更的具体情况可以分析确定工程变更的责任和费用补偿。

（1）由于业主要求、政府部门要求、环境变化、不可抗力、原设计错误等导致的设计修改，应该由业主承担责任；由此所造成的施工方案的变更以及工期的延长和费用的增加应该向业主索赔。

（2）由于承包商的施工过程、施工方案出现错误、疏忽而导致设计的修改，应该由承包商承担责任。

（3）施工方案变更要经过工程师的批准，不论这种变更是否会对业主带来好处（如工期缩短、节约费用）。

由于承包商的施工过程、施工方案本身的缺陷而导致了施工方案的变更，由此所引起的费用增加和工期延长应该由承包商承担责任。

业主在向承包商授标前（或签订合同前），可以要求承包商对施工方案进行补充、修改或做出说明，以便符合业主的要求。在授标后（或签订合同后）业主为了加快工期、提高质量等要求变更施工方案，由此所引起的费用增加可以向业主索赔。

第五节 合同违约

一、违反合同民事责任的构成要件

法律责任的构成要件是承担法律责任的条件。当事人一方不履行合同义务或履行合同义务不符合约定的，应当承担违约责任。也就是说，不管何种情况也不管当事人主观上是否有过错，更不管是何种原因（不可抗力除外），只要当事人一方不履行合同或者履行合同不符合约定，都要承担违约责任。这就是违反合同民事责任的构成要件。

违反合同民事责任的构成要件是严格责任，而不是过错责任。按照这一规定，即使当事人一方没有过错，或者因为别人没有履行义务而使合同的履行受到影响，只要合同没有履行或者履行合同不符合约定，就应当承担违约责任。至于当事人与其他人的纠纷，是另一个法律关系，应分开解决。当然，对于当事人一方有过错的，更要承担责任，如缔约过失、无效合同和可撤销合同采取过错责任，有过错一方要向受损害一方赔偿损失。

二、承担违反合同民事责任的方式及选择

当事人一方不履行合同义务或者履行合同义务不符合规定的，应继续履行或采取补救措施，承担赔偿损失等违约责任。承担违反合同民事责任的方式有：①继续履行；②采取补救措施；③赔偿损失；④支付违约金。

承担违反合同民事责任的方式在具体实践中如何选择？总的原则是由当事人自由选择，并有利于合同目的的实现。提倡继续履行和补救措施优先，有利于合同目的的实现，特别是有些经济合同不履行，有可能影响国家经济建设和公益性任务的完成，水利工程就是这样。水利建设任务能否顺利完成，直接关系到公共利益能否顺利实现。当然，如果合

同不能继续履行或者无法采取补救措施，或者继续履行、采取补救措施仍不能完成合同约定的义务，就应该赔偿损失。

（一）关于继续履行方式

继续履行是承担违反合同民事责任的首选方式，当事人订立合同的目的就是通过双方全面履行约定的义务，使各自的需要得到满足。一方违反合同，其直接后果是对方需要得不到满足。因此，继续履行合同，使对方需要得到满足，是违约方的首要责任。特别是对于价款或者报酬的支付，当事人一方未支付价款或者报酬的，对方可以要求其支付价款或报酬。

在某些情况下，继续履行是不可能或没有必要的，此时承担违反合同民事责任的方式就不能采取继续履行了。例如，在水利工程建设中，大型水泵供应商根本没有足够的技术力量和设备来生产合同约定的产品，在原来订立合同时过高估计了自己的生产能力，甚至订合同是为了赚钱而盲目承接任务，此时履行合同已不可能，只能赔偿对方损失。如果供货商通过努力（如加班、增加技术力量和其他投入等）能够生产出符合约定的产品，则应采取继续履行或采取补救措施的方式。又如季节性很强的产品，过了季节就没法销售或使用的，对方延迟交货就意味着合同继续履行没有必要。以下三种情形不能要求继续履行：①法律上或事实上不能继续履行的；②债务的标的不适于强制履行或履行费用过高的；③债权人在合理期限内未要求履行的。

（二）关于采取补救措施

采取补救措施是在合同一方当事人违约的情况下，为了减少损失使合同尽量圆满履行所采取的一切积极行为。如不能如期履行合同义务的，与对方协商能否推迟履行；自己一时难于履行的，在征得对方当事人同意的前提下，尽快寻找他人代为履行；当发现自己提供的产品质量、规格不符合合同约定的标准时，积极负责修理或调换。总之，采取补救措施不外乎避免或减少损失和达到合同约定要求两个方面。质量不符合约定的，应当按照当事人的约定承担违约责任；对违约责任没有约定或约定不明确，依法仍不能确定的，受损害方根据标的性质及损失大小，可以合理选择要求修理、更换、重做、退货、减少价款或者报酬等违约责任。例如，在水利工程中，某单位工程的部分单元工程质量严重不合格，一般就要求拆除并重新施工。

（三）关于承担赔偿损失

承担赔偿损失，就是由违约方承担因其违约给对方造成的损失。当事人一方不履行合同义务或者履行合同义务不符合约定的，在履行义务或者采取补救措施后，对方还有其他损失的，应当赔偿损失。至于赔偿额的计算，原则规定是：损失赔偿应当相当于因违约所造成的损失，包括合同履行后可以获得的利益，但不得超过违反合同一方订立合同时预见到或者应当预见到的因违反合同可能造成的损失；经营者对消费者提供商品或服务有欺诈行为的，要承担损害赔偿责任，即加倍赔偿。当事人可以约定因违约产生的损失赔偿额的计算方法。当事人一方违约后，对方应当采取适当措施防止损失的扩大，没有采取适当措施致使损失扩大的，不得就扩大的损失要求赔偿。

至于支付违约金、定金的收取或返还，它们是损失赔偿的具体方式，不仅具有补偿性，而且具有惩罚性。

（四）关于违约金

违约金是指不履行或者不完全履行合同的一方当事人按照法律规定或者合同约定支付给另一方当事人一定数额的货币。违约金具有两种性质：①补偿性，在违约行为给对方造成损失时，违约金起到一定的补偿作用；②惩罚性，惩罚违约行为，当事人约定了违约金，不论违约是否给对方造成损失，都要支付违约金。

对于违约金的数量如何确定？约定违约金的数量高于或低于违约造成的损失怎么办？当事人可以约定一方违约时应当根据违约情况向对方支付一定数额的违约金，因此，违约金的数量可以由当事人双方在订立合同时约定，或者在订立合同后补充约定。对于违约金的数量低于造成的损失的，当事人可以请求人民法院或仲裁机构予以增加；对于违约金过分高于造成的损失的，当事人也可以请求人民法院或仲裁机构予以适当减少。

（五）关于定金

定金是订立合同后，为了保证合同的履行，当事人一方根据约定支付给对方作为债权担保的货币。定金具有补偿性，即给付定金的一方在不履行合同约定的义务或债务时，定金不能收回，用于赔偿对方的损失。例如，投标人在递交投标文件时附交的投标保证金就具有定金的性质，投标人在中标后不承担合同义务，无法定情况而放弃中标的，招标人可以没收其投标保证金。定金还具有惩罚性，即给付定金的一方不履行合同约定义务的，即使没有给对方造成损失也不能收回；而收受定金的一方不履行合同约定义务的，应当双倍返还定金。

第六节　施工索赔

一、索赔的特点

（1）索赔是合同管理的一项正常规定，一般合同中规定的工程赔偿款是合同价的7%~8%。

（2）索赔作为合同赋予双方的一种具有法律意义的权利主张，其主体是双向的。在工程施工合同中，业主与承包方都有索赔的权利，业主可以向承包方索赔，承包方也可以向业主索赔。而在现实工程实施中，大多数出现的情况是承包方向业主提出索赔。由于承包方向业主进行索赔申请时，没有很烦琐的索赔程序，所以在一些合同协议书中一般只规定了承包方向业主进行索赔的处理方法和一些简单程序。

（3）索赔必须建立在损害结果已经客观存在的基础上。不管是时间损失还是经济损失，都需要有客观存在的事实，如果没有发生就不存在索赔的情况。

（4）索赔必须以合同或者法律法规为依据。只要一方存在违约行为，受损方就可以向违约方提出索赔要求。

（5）索赔应该采用明示的方式，需要受损方采用书面形式提出，书面文件中应该包括索赔的要求和具体内容。

（6）索赔的结果一般是索赔方得到经济赔偿或者其他赔偿。

二、索赔费用的计算方法

索赔费用的计算方法有实际费用法、总费用法和修正的总费用法。

（一）实际费用法

实际费用法是计算工程索赔时最常用的一种方法。这种方法的计算原则是以承包商为某项索赔工作所支付的实际开支为根据，向业主要求费用补偿。

用实际费用法计算时，在直接费的额外费用部分的基础上，再加上应得的间接费和利润，即是承包商应得的索赔金额。由于实际费用法所依据的是实际发生的成本记录或单据，所以在施工过程中，系统而准确地积累记录资料是非常重要的。

（二）总费用法

总费用法就是当发生多次索赔事件以后，重新计算该工程的实际总费用，实际总费用减去投标报价时的估算总费用，即为索赔金额：

索赔金额=实际总费用-投标报价估算总费用

不少人对采用该方法计算索赔费用持批评态度，因为实际发生的总费用中可能包括了承包商的原因，如施工组织不善而增加的费用；同时投标报价估算的总费用也可能为了中标而过低。所以这种方法只有在难以采用实际费用法时才应用。

（三）修正的总费用法

修正的总费用法是对总费用法的改进，即在总费用计算的原则上，去掉一些不合理的因素，使其更合理。修正的内容如下：①将计算索赔款的时段局限于受到外界影响的时间，而不是整个施工期；②只计算受影响时段内的某项工作所受影响的损失，而不是计算该时段内所有施工工作所受的损失；③与该项工作无关的费用不列入总费用中；④对投标报价费用重新进行核算：按受影响时段内该项工作的实际单价，乘以实际完成的该项工作的工程量，得出调整后的报价费用。

按修正后的总费用计算索赔金额的公式如下：

索赔金额=某项工作调整后的实际总费用-该项工作的报价费用

与总费用法相比，修正的总费用法有了实质性的改进，它的准确程度已接近实际费用法。

三、工期索赔的分析

（一）工期索赔的分析

工期索赔的分析包括延误原因分析、延误责任的界定、网络计划（CPM）分析、工期索赔的计算等。

运用网络计划方法分析延误事件是否发生在关键线路上，以决定延误是否可以索赔。在工期索赔中，一般只考虑关键线路上的延误或者非关键线路因延误而变成关键线路时给予顺延工期。

（二）工期索赔的计算方法

1. 直接法

如果某干扰事件直接发生在关键线路上，造成总工期的延误，可以直接将该干扰事件的实际干扰时间（延误时间）作为工期索赔值。

2. 比例分析法

采用比例分析法时，可以按工程量的比例进行分析。

（三）网络分析法

在实际工程中，影响工期的干扰事件可能会很多，每个干扰事件的影响程度可能都不一样，有的直接在关键线路上，有的不在关键线路上，多个干扰事件的共同影响结果究竟是多少可能引起合同双方很大的争议。采用网络分析方法是比较科学合理的，其思路是：假设工程按照双方认可的工程网络计划确定的施工顺序和时间施工，当某个或某几个干扰事件发生后，使网络中的某个工作或某些工作受到影响，使其持续时间延长或开始时间推迟，从而影响总工期，则将这些工作受干扰后的新的持续时间和开始时间等代入网络中，重新进行网络分析和计算，得到的新工期与原工期之间的差值就是干扰事件对总工期的影响，也就是承包商可以提出的工期索赔值。网络分析方法通过分析干扰事件发生前和发生后网络计划的计算工期之差来计算工期索赔值，可以用于各种干扰事件和多种干扰事件共同作用所引起的工期索赔。

第六章 建设工程项目信息管理应用

第一节 信息管理基本概念

随着科学技术的发展，信息化已成为一种世界性的大趋势。信息技术的高速发展和相互融合，正在改变着我们周围的一切。当今世界，信息化水平已成为衡量一个国家综合实力、国际竞争力和现代化程度的重要标志，信息化已成为推动社会生产力发展和人类文明进步的强大动力。工程管理信息系统，就是充分利用“3S”（GIS、GPS、RS）技术，开发和利用水利信息资源，包括对水利信息进行采集、传输、存储、处理和利用，提高水利信息资源的应用水平和共享程度，从而全面提高工程管理的效能效益和规范化程度的信息系统。

水利水电工程“个性”较强，不同工程之间的条件千差万别，工期较长，季节性强，技术复杂、设计变更一般较多，需要协调的关系多，规模和投资一般都比较大，且涉及征地、移民、环境保护、水土保持等诸多环节。因此，水利水电工程管理难度大、问题多。如何通过推行科学化、现代化的管理，提高管理水平，控制投资和质量，缩短工期，达到既定的质量和安全目标，成为水电开发投资企业和有关方面关注的重要问题。项目法人（工程单位）作为整个工程的责任主体，已越来越认识到信息化工程的重要性，许多水利水电工程在准备阶段，就开始着手构建工程管理信息系统。信息技术已在工程活动中展露其无限的生机，工程的工程管理模式也随之发生了重大变化，很多传统的方式已被信息技术所代替。工程管理信息系统除了常用的文档管理等办公自动化功能外，一般还包括应用信息集成项目管理模块。

应用信息技术提高建筑业生产率，以及应用信息技术提升建筑行业管理和项目管理水平和能力，是21世纪建筑业发展的重要课题。作为重要的物质生产部门，中国建筑业的信息化程度一直低于其他行业。因此，我国工程管理信息化任重而道远。

一、项目中的信息流

在项目的实施过程中产生如下四种主要流动过程：

（一）工作流

由项目的结构分解到项目的所有工作，任务书（委托书或合同书）确定了这些工作的实施者，再通过项目计划具体安排它们的实施方法、实施顺序、实施时间及实施过程。这些工作在一定时间和空间上实施，便形成项目的工作流。工作流即构成项目的实施过程和管理过程，主题是劳动力和管理者。

（二）物流

工作的实施需要各种材料、设备、能源，一般由外界输入，经过处理转换成工程实体，最终得到项目产品。由工作流引起的物流，表现出项目的物资生产过程。

（三）资金流

资金流是工程实施过程中价值的运动。例如，从资金变为库存的材料和设备，支付工资和工程款，再转变为已完工程，在投入运营后作为固定资产，通过项目的运营取得收益。

（四）信息流

工程的实施过程需要不断产生大量信息，这些信息伴随着上述三种流动过程按一定的规律产生、转换、变化和被使用，并被传送到相关部门（单位），形成项目实施过程中的信息流。项目管理者设置目标，做决策，做各种计划，组织资源供应，领导、指导、激励、协调各项参加者的工作，控制项目的实施过程都是靠信息来实施的。即依靠信息了解项目实施情况，发布各种指令，计划并协调各方面的工作。

这四种流动过程之间相互联系、相互依赖又相互影响，共同构成了项目实施和管理的总过程。

在这四种流动过程中，信息流对项目管理有特别重要的意义。信息流将项目的工作流、物流、资金流以及各个管理职能、项目组织，项目与环境结合在一起。它不仅反映而且控制并指挥着工作流、物流和资金流。例如，在项目实施过程中，各种工程文件、报告、报表反映了工程项目的实施情况，反映了工程实际进度、费用、工期状况，以及各种指令、计划、协调方案，又控制和指挥着项目的实施。只有项目管理信息系统的信息流通畅，才会有顺利的项目实施过程。

项目中的信息流包括两个主要的信息交换过程：

1. 项目与外界的信息交换

项目作为一个开放系统，与外界有大量的信息交换。这里包括：

（1）由外界输入的信息。例如，环境信息、物价变动的信息、市场状况信息，以及外部系统（如企业、政府机关）给项目的指令、对项目的干预等。

（2）项目向外界输出的信息，如项目状况的报告、请示、要求等。

2. 项目内部的信息交换

即项目实施过程中项目组织者因进行沟通而产生的大量信息。项目内部的信息交换主要包括：

（1）正式的信息渠道

信息通常在组织机构内按组织程序流通，属于正式的沟通。

一般有三种信息流：

①自上而下的信息流

通常决策、指令、通知、计划是由上向下传递，这个传递过程是逐渐细化、具体化，一直细化、具体到基层成为可以执行的操作指令。

②由下而上的信息流

通常各种实际工程的情况信息，由下逐渐向上传递，这个传递不是一般的叠合（装订），而是经过归纳整理形成的逐渐浓缩的报告。而项目管理者就是做这个浓缩工作，以保证信息浓缩而不失真。通常信息太详细会造成处理量大、没有重点，且容易遗漏重要说明；而太浓缩又会存在对信息的曲解或解释出错的问题。在实际工程中常会有这种情况，上级管理人员如业主、项目经理，一方面抱怨信息太多，桌子上一大堆报告没时间看；另一方面又不了解情况，在决策时缺乏应有的可用信息。这就是信息浓缩存在的问题。

③横向或网络状信息流

按照项目管理工作流程设计的各个职能部门之间存在大量的信息交换，例如，技术人员与成本员、成本员与计划师、财务部门与计划部门、合同部门等之间存在的信息流。在矩阵式组织中以及现代高科技状态下，人们已越来越多地通过横向或网络状的沟通渠道获得信息。

（2）非正式的信息渠道

例如，闲谈、小道消息、非组织渠道的了解情况等，属于非正式的沟通。

二、项目中的信息

（一）信息的种类

项目中的信息很多，一个稍大的项目结束后，作为信息载体的资料堆积如山，许多项目管理人员整天与纸张及电子文件打交道。项目中的信息大致有如下四种：

（1）项目基本状况的信息。它主要在项目的目标设计文件、项目手册、各种合同、设计文件、计划文件中。

（2）现场实际工程信息。例如实际工期、成本、质量信息等，它主要在各种报告，如日报、月报、重大事件报告，设备、劳动力、材料使用报告及质量报告中。这里还包括问题的分析、计划和实际对比以及趋势预测的信息。

（3）各种指令、决策方面的信息。

（4）其他信息。外部进入项目的环境信息，如市场情况、气候、外汇波动、政治动态等。

（二）信息的基本要求

信息必须符合管理的需要，要有助于项目系统和管理系统的运行，不能造成信息泛滥和污染。一般而言，它必须符合如下要求：

1. 专业对口

不同的项目管理职能人员、不同专业的项目参加者，在不同的时间，对不同的事件，就有不同的信息要求。因此，信息首先要专业对口，按专业的需要提供和流动。

2. 反映实际情况

信息必须符合实际应用的需要，符合目标，而且简单有效。这是正确有效管理的前提，否则会产生一个无用的废纸堆。这里有两个方面的含义：

（1）各种工程文件、报表、报告要实事求是，反映客观。

（2）各种计划、指令、决策要以实际情况为基础。不反映实际情况的信息容易造成决策、计划、控制的失误，进而损害项目成果。

3. 及时提供

只有及时提供信息，才能有及时的反馈，管理者才能及时地控制项目的实施过程。信息一旦过时，会使决策失去时机，造成不必要的损失。

4. 简单，便于理解

信息要让使用者不费气力地了解情况，分析问题。信息的表达形式应符合人们日常接受信息的习惯，而且对于不同人应有不同的表达形式。例如，对于不懂专业和项目管理的业主，宜采用更直观明了的表达形式，如模型、表格、图形、文字描述等。

（三）信息的基本特征

项目管理过程中的信息量大，形式丰富多彩。它们通常有如下基本特征：

1. 信息载体

信息载体包括：纸张，如各种图纸、说明书、合同、信件、表格等；磁盘、磁带以及其他电子文件；照片、微型胶卷、X 光片；其他，如录像带、电视唱片、光盘等。

2. 选用信息载体的影响因素

（1）随着科学技术的发展，不断提供新的信息载体，不同的信息载体有不同的介质技术和信息存储技术要求。

（2）项目信息系统运行成本的限制。不同的信息载体需要不同的投资，有不同的运行成本。在符合管理要求的前提下，尽可能降低信息系统运行成本，是信息系统设计的目标之一。

（3）信息系统运行速度的要求。例如，气象、地震预防、国防、宇航之类的工程项目要求信息系统运行速度加快，则必须采取相应的信息载体和处理、传输手段。

（4）特殊要求。例如，合同、备忘录、工程项目变更指令、会谈纪要等必须以书面形式，由双方或一方签署才有法律证明效力。

（5）信息处理、传递技术和费用的限制。

3. 信息的使用说明

（1）有效期：暂时有效、整个项目期有效、无效信息。

（2）使用的目的：①决策，各种计划、批准文件、修改指令、运行执行指令等；②证明，表示质量、工期、成本实际情况的各种信息。

（3）信息的权限：对不同的项目参加者和项目管理职能人员规定不同的信息使用和修

改权限，混淆权限容易造成混乱。通常须具体规定，有某一方面（事业）的信息权限和综合（全部）信息权限以及查询权、使用权、修改权等。

（4）信息的存档方式：①文档组织形式分为集中管理和分散管理；②监督要求分为封闭和公开；③保存期分为长期保存和非长期保存。

三、项目信息管理的任务

项目管理者承担着项目信息管理的任务，是整个项目的信息中心，负责收集项目实施情况的信息，做各种信息处理工作，并向上级、向外界提供各种信息。其信息管理任务主要包括：

（1）编制项目手册。项目管理的任务之一是按照项目的任务、实施要求设计项目实施和项目管理中的信息流，确定它们的基本要求和特征，并保证在实施过程中信息畅通。

（2）项目报告及各种资料的规定，例如资料的格式、内容、数据结构要求。

（3）按照项目实施、项目组织、项目管理工作过程建立项目管理信息系统流程，在实际工作中保证这个系统正常运行，并控制信息流。

（4）文档管理工作。有效的项目管理需要更多地依靠信息系统的结构和维护。信息管理影响项目组织和整个项目管理系统的运行效率，是人们沟通的桥梁，项目管理者应对它给予足够的重视。

四、现代信息科学带来的问题

现代信息技术正突飞猛进地发展，给项目管理带来许多问题，特别是计算机联网、电子信箱、internet 网的使用，造成了信息高度网络化的流通。例如，企业财务部门可以直接通过计算机查阅项目的成本和支出，查阅项目采购订货单；子项目负责人可以直接查阅库存材料状况；子项目或工作包负责人也许还可以查阅业主已经做出的但尚未推行（详细安排）的信息。

现代信息技术对现代项目管理有很大的促进作用，但同时又会带来很大的冲击。对此人们必须做全面的研究，以使管理者的管理理念、管理方法、管理手段更能适应现代工程的特殊性。

（1）信息技术加快了项目管理系统中的信息反馈速度和系统的反应速度，人们能够及时查询工程的进展信息，进而及时地发现问题，及时做出决策。

（2）项目的透明度增加，使人们能够了解企业和项目的全貌。

（3）总目标容易贯彻，项目经理和上层领导容易发现问题。基层管理人员和执行人员也更快、更容易了解和领会上级的意图，使得各方面协调更为容易。

（4）信息的可靠性增加，人们可以直接查询和使用其他部门的信息，这样不仅可以减少信息的加工和处理工作，而且在传输过程中信息不失真。

（5）比较传统的信息处理和传输方法，现代信息技术有更大的信息容量。人们使用信息的宽度和广度大大增加。例如，项目管理职能人员可以从互联网上直接查询最新的工程招标信息、原始材料市场，而过去是不可能的。

（6）使项目风险管理的能力和水平大为提高。由于现代化市场经济的特点，工程项目的风险越来越大，现代信息技术使人们能够对风险有效迅速地预测、分析、防范和控制。鉴于风险管理需要大量的信息，而且要迅速获得这些信息，复杂的信息处理过程变得很重要。现代信息技术给风险管理提供了很好的方法、手段和工具。

（7）现代信息技术使人们更科学、更方便地进行如下类型的项目管理：大型的、特大型的、特别复杂的项目；多项目的管理，即一个企业同时管理许多项目；远程项目，如国际投资项目、国际工程等。

这些都显示出现代信息技术的生命力，它推动了整个项目管理的发展，提高了项目管理的效率，降低了项目管理成本。

第二节　信息报告的方式和途径

一、工程项目报告的种类

工程项目报告的形式和内容丰富多彩，它是工程项目相关人员沟通的主要工具。报告的种类很多，例如，按时间划分为日报、周报、月报、年报；针对项目结构的报告，如工作包、单位工程、单项工程、整个项目报告；专门内容的报告，如质量报告、成本报告、工期报告；特殊情况的报告，如风险分析报告、总结报告、特别事件报告；状态报告、比较报告等。

二、报告的作用

（1）作为决策的依据。通过报告可以使人们对项目计划和实施状况、目标完成程度十分清楚，便于预见未来，使决策简单化且准确。报告首先是为决策服务的，特别是上层的决策，但报告的内容仅反映过去的情况，滞后很多。

（2）用来评价项目，评价过去的工作以及阶段成果。

（3）总结经验，分析项目中的问题，特别在每个项目结束时都应有一个内容详细的分析报告。

（4）通过报告激励每个参加者，让大家了解项目成就。

（5）提出问题，解决问题。安排后期的计划。

（6）预测将来情况，提供预警信息。

（7）作为证据和工程资料。报告便于保存，因而能提供工程的永久记录。

不同的参加者需要不同的信息内容、频率、描述和浓缩程度。必须确定报告的形式、结构、内容，为项目的后期工作服务。

三、报告的要求

为了使项目组织之间沟通顺利，起到报告的作用，报告必须符合如下要求：

（一）与目标一致

报告的内容和描述必须与项目目标一致，主要说明目标的完成程度和围绕目标存在的问题。

（二）符合特定的要求

包括各个层次的管理人员对项目信息需要了解的程度，以及各个职能人员对专业技术工作和管理工作的需要。

（三）规范化、系统化

在管理信息系统中应完整地定义报告系统结构和内容，对报告的格式、数据结构实行标准化。在项目中要求各参加者采用统一形式的报告。

（四）处理简单化，内容清楚

报告要简单化，内容清楚这样各种人都能理解，避免造成理解和传输过程中的错误。

(五) 报告的侧重点要求

报告通常包括概况说明和重大差异说明、主要活动和事件的说明，而不是面面俱到。它的内容较多的是考虑到实际效用，如何行动、方便理解，而较少地考虑到信息的完整性。

四、报告系统

项目初期，项目管理系统中必须包括项目的报告系统。这要解决两个问题：

(1) 罗列项目过程中应有的各种报告并系统化。

(2) 确定各种报告的形式、结构、内容、数据、采集处理方式并标准化。

在设计报告之前，应给各层次的人列表提问：需要什么信息，应从何来，怎样传递，怎样标出它的内容。

在编制工程计划时，应当考虑需要各种报告及其性质、范围和频次，可以在合同或项目手册中确定。

原始资料应一次性收集，以保证相同的信息和相同的来源。资料在纳入报告前应进行可信度检查，并将计划值引入以便对比。

原则上，报告从最底层开始，资料最基础的来源是工程活动，包括工程活动的完成进度、工期、质量、人力、材料消耗、费用等情况的记录，以及试验验收记录。上层的报告应由上述职能部门总结归纳，按照项目结构和组织结构层层归纳、浓缩，做出分析和比较，形成金字塔式的报告系统。

第三节　信息管理组织程序

一、信息管理机构

现代工程项目管理为了对信息进行有效的管理控制，应该有专门的信息管理机构负责信息资源的开发和利用，提供给各个部门用于信息咨询，从而高效地完成信息管理，为整个项目管理服务。

（一）信息职能部门

信息管理贯穿于整个工程项目管理，是全方位管理，因此信息管理的职能部门可以划分如下：

1. 信息使用部门

这是使用信息的部门或管理人员，对信息的内容、范围、时限有具体的要求。这些部门将所咨询的信息用于工程管理的分析研究，为决策提供依据。

2. 信息供应部门

由于工程项目中信息源很多，分布于项目内部和外部环境中，对于信息使用的管理人员来说，从内部获取信息较为容易，从外部获取较为困难。信息供应部门就是专门用于信息获取，特别是对于一般项目参与人员不易获得的外部信息。

3. 信息处理部门

主要是使用各种技术和方法对收集的信息进行处理的部门。按照信息使用部门的要求，对信息进行分析，为信息使用者决策提供依据。

4. 信息咨询部门

主要是为使用部门提供咨询意见，帮助他们向信息供应部门、信息处理部门提出要求，帮助管理者研究信息和使用信息。

5. 信息管理部门

在信息管理职能中处于核心地位、负责协调的各部门，要合理有效地开发和利用信息资源。

虽然这种划分很明晰，但在实际工程项目信息管理中，这种明晰的职能划分是少有的，甚至是不切实际的。比如，对业主而言，为了目标控制的实现，对于信息管理，必定会完成上述五种职能。但这些职能在实际操作中之所以没有很明显的划分是因为：其一，过分的明晰划分虽然组织结构明确，但会使管理成本增加。例如，为了获取材料或某项工种的信息而奔波于各个职能部门，会使简单的管理工作复杂化，降低效率，增加成本。其二，实际工程管理中，由于其管理的需要，一个信息职能部门所具有的职能，往往是上述一种或多种甚至是全部职能。因此，工程项目信息职能部门划分的目的，主要是符合项目实际需要，便于管理。

（二）信息管理组织体系

信息管理是一项复杂的系统管理工作。建立项目信息管理部门，要明确与其他部门的关系，从而发挥其作用。这在大型工程项目中尤为重要，如三峡工程、上海磁悬浮等，都有专门的信息管理部门，而且处于非常重要的地位。

信息管理部门在工程项目信息管理中处于领导地位，对整个信息管理起着宏观控制的作用。但由于工程规模和管理经验的影响，在中小型项目中没有独立的信息管理部门，甚至根本就不存在，其信息管理工作往往分散在各部门，这就可能导致信息管理工作不畅。例如，某一承包商需要工程变更的资料，他会去找业主的工程部，如果工程部资料不够完整，他会去找设计部门。最后的结果很可能是他找业主代表或负责人，而后者再找相关部门加以解决，因此导致工作延缓。而业主负责人往往陷入类似琐碎工作中，其履行本职工作受到限制（这是一个典型的信息处理例子，而且是处于比较悲观的情况。在实际管理过程中，这些不畅可以通过通信技术的优越性得到改善，这里只是为了分析需要而假定如此）。因此，对于中小型项目而言，无论采取何种形式，独立或者挂靠，都应该有负责信息管理的部门或小组。对于挂靠形式，一般采取挂靠在对项目有着宏观管理的部门为佳，比如项目经理部。这样可以和项目经理部一起，对工程项目管理全过程进行信息管理，可以实时对项目进行控制，并且在最短时间内给决策部门提供信息咨询，有利于决策顺利做出。

对于独立的信息管理部门，与其他部门的关系，一般有两种模式。一种是把信息部门与其他部门并列置于工程项目最高管理层领导之下，可称之为水平式；另外一种是把信息部门置于整个管理层的顶层，可称之为垂直式。前一种是现在普遍采用的模式，后一种是比较理想的模式，因为可以最大限度地发挥信息管理部门的职能作用。

随着工程项目管理水平的提高，信息管理部门应该从所挂靠的部门中独立出来，与工程部、财务部、策划部等一级部门并列。信息管理部门不仅是技术服务部门，还应该具有开发和管理职能，和高层管理部门一起，对整个项目进行控制。既从施工、财务、材料等职能部门获取原始数据并进行分析，又将信息处理意见反馈给相关部门，使管理工作随着信息的流动顺利地进行。例如，武汉光谷创业街项目，就有着独立的信息管理部，主要从事针对本项目的 PMIS 开发，网上信息发布，内部信息交流，自始至终参与对项目进行全程管理。这样做不仅利于内部各管理人员和部门获取项目有关信息，从而合理安排各自的工作，实现对项目目标的控制，更有利于外部对本项目的了解，从而为项目树立良好的形象，起到扩大宣传的作用。

二、信息主管

在信息管理部门中，信息主管（CIO）全面负责信息工作管理。信息主管不仅懂得信息管理技术，还对工程项目管理有着深入了解，是居于行政管理职位的复合型人物。信息主管往往从战略高度统筹项目的信息管理。作为整个项目信息管理最高负责人，信息主管应该根据项目控制目标需要，及时将信息进行分析，传递到各相关部门，促进对管理工作的调整。作为信息主管，他应该具有下列特征：

（1）具有很强的管理能力，能从项目管理角度宏观考虑信息管理。

（2）熟悉工程项目管理，特别对本工程有着深入了解。有着实际工程管理的经验。能够协调各部门的信息工作。

（3）熟悉信息管理过程，对信息管理方法技巧运用自如，能够统筹管理。

第四节 信息管理的流程

一、信息需求

要对工程项目中信息需求进行分析，就需要对工程项目深入分析。其中，主要是项目管理的特征和工程项目信息流。

（一）工程项目管理特征

一般来说，在工程项目管理中所处理的问题可以按照信息需求特征分为三类：

1. 结构化问题

是指在工程项目管理活动过程中，经常重复发生的问题。对这类问题，通常有固定的处理方法。例如，例会的召开，有其固定的模式，且经常重复发生。面对结构化问题做出的决策，称为程序化决策。

2. 半结构化问题

较之结构化问题，半结构化问题并无固定的解决方法可遵循。虽然决策者通常了解解决半结构化问题的大致程序，但在解决的过程中或多或少与个人的经验有关，对应的半结构化问题的决策活动为半程序化决策。实际上，在工程项目管理中，大部分问题都属于半结构化问题。由于项目的复杂性和单件性，决定了对任何一个项目管理都只有大致适合的方法，而无绝对的通法。因此，对同一问题，决策者不同，采取的方法也会有所不同。

3. 非结构化问题

非结构化问题是指独一无二非重复性决策的问题。这类问题，往往给决策者带来很大难度。这类问题最典型的例子就是项目立项。对解决这类结构化问题，要更多地依靠决策者的直觉，称之为非程序化决策。

由于决策者在项目管理中的地位不同，面对的问题也不同，因而表现出不同的信息需求特征。程序化决策大多由基层管理人员完成。对于非程序化的决策，高层管理人员较少涉及这类决策活动。半程序化决策大多由中层或高层管理人员完成。对于非程序化的决策，主要由高层管理人员完成。

由于信息是为管理决策服务的，从工程项目管理角度来看，作为项目管理的高层领导关心的是项目的可行性、带来的收益、投资回收期等，处于项目管理的战略位置，所需要的信息是大量的综合信息，即战略信息。作为项目的执行管理部门决策者要考虑如何在项目整体规划指导下，采用行之有效的措施手段，对项目三大目标进行控制。其所需要的信息称为战术级信息。而各现场管理部门的决策者所关心的是如何加快工程进度、保证工程质量，其决策的依据大多是日常工作信息即作业级信息。

工程项目各部门的主要信息需求，由于每一个管理者的职责各不相同，他们的信息需求也有差异。部门信息需求与个人信息需求有很大区别：部门信息需求相对比较集中和单调；个人信息需求相对突出个性化和多样性。在具体的信息管理过程中，更强调信息使用人员对信息需求的共性而不是个性，换言之，工程项目信息需求分析应该以部门信息需求分析为主而以个人信息需求分析为辅。

（二）工程项目信息流程

工程项目信息流程反映了各参加部门、各单位之间，各施工阶段之间的关系。为了工程顺利完成，应使工程项目信息在上下级之间、内部组织之间与外部环境之间流动。

工程项目信息管理中信息流主要包括：

1. 自上而下的信息流

自上而下的信息流就是指主管单位、主管部门、业主、项目负责人、检查员、班组工人之间由上级向其下级逐级流动的信息，即信息源在上，信息宿是其下级。这些信息主要是指工程目标、工程条例、命令、办法及规定、业务指导意见等。

2. 自下而上的信息流

自下而上的信息流，是指下级向上级流动的信息。信息源在下，信息宿在上。主要指项目实施中有关目标的完成量、进度、成本、质量、安全、消耗、效率等情况，此外，还包括上级部门关注的意见和建议等。

3. 横向间的信息流

横向间流动的信息指工程项目管理中同一层次的工作部门或工作人员之间相互提供和接受的信息。这种信息一般是由于分工不同而各自产生的，但为了共同的目标又需要相互协作互通或相互补充，以及在特殊紧急情况下，为了节省信息流动时间而需要横向提供的信息。

4. 以信息管理部门为集散中心的信息流

信息管理部门为项目决策做准备，因此，既需要大量信息，又可以作为有关信息的提供者。它是汇总信息、分析信息、分散信息的部门，帮助工作部门进行规划、任务检查、对有关专业技术问题进行咨询。因此，各项工作部门不仅要向上级汇报，而且应当将信息传递给信息管理部门，以有利于信息管理部门为决策做好充分准备。

5. 工程项目内部与外部环境之间的信息流

工程项目的业主、承建商、设计单位、质量监督主管部门、有关国家管理部门和业务部门，都不同程度地需要信息交流，既要满足自身的要求，又要满足环境的协作要求，或按国家规定的要求相互提供信息。

上述几种信息流都应有明晰的流程，并都要畅通。在实际工作中，自上而下的信息比较畅通，自下而上的信息流一般情况下渠道补偿或者流量不够。因此，工程项目主管应当采取措施防止信息流通的障碍，发挥信息流应有的作用，特别是对横向间的信息流动以及自上而下的信息流动，应给予足够的重视，增加流量，以利于合理决策，提高工作效率和经济效益。

对于大多数工程项目来讲，从信息源和信息宿的角度描述其信息流程是比较合适的。

二、信息收集

信息收集是一项烦琐的工作，由于它是后期信息加工、使用的基础，因此值得特别注意。

（一）信息收集的重要性

信息收集是工程项目信息管理的基础。信息收集是为了更好地使用信息而对工程管理过程中所涉及的信息进行吸收和集中。信息收集这一环节工作的好坏，将对整个项目信息管理工作的成败产生决定性的影响。

具体而言：

（1）信息收集是信息使用的前提。在工程项目管理中，每天都产生数不胜数的信息，但没有经过加工、处理的信息（原始信息）杂乱无章，无法为项目管理人员所用。只有将收集到的信息进行加工整理，变为二次信息才能为人所用。

（2）信息收集是信息加工的基础。信息收集的数量和质量，直接影响到后续工作。一些项目信息管理工作没有做好，往往是因为信息收集工作没有做好。

（3）信息收集占整个信息管理的比重较大。其工作量大、费用较高。据统计，在很多情况下，花费在信息收集上的费用占整个信息管理费用的50%。主要原因是虽然有着先进的辅助技术，但信息收集仍然以人工处理为主。

（二）信息收集的原则

信息收集的最终目的是为了项目管理者能够从信息管理中对项目目标进行有效控制。根据信息的特点，信息收集需要遵循以下原则：

1. 信息收集要及时

这是由信息的时效性所决定的。在工程管理事件发生后及时收集有关信息，这样可以及时做出总结并为下一步决策做保证。例如，对于索赔而言，根据有关合同文件，有着严格的时间限制。在索赔事件发生后，应立即将信息收集，可以避免最后的综合索赔。

2. 信息收集要准确

这是信息被用来作为决策依据的基本条件。错误的信息或者不尽正确的信息往往给项目管理人员以误导。这就要求信息管理人员对项目有着深入的了解，有着科学的收集方法。

3. 信息收集要全面

工程项目中，其复杂性决定了任何决策都是和其他方面相联系的，因此，其信息也是相互关联的。在信息收集中，不能只看见眼前，应该注重和其他方面的联系，注意其连续性和整体性。

4. 信息收集要合理规划

信息管理是贯穿整个工程项目过程的，信息收集也是长期的。信息收集不能头重脚轻，前期大量投入，后期将信息收集置于一旁。例如，项目的后评价是对信息收集最多的阶段，对项目中所有发生过的信息都需要重新整理。

（三）信息收集的方法

信息收集方法很多，主要有实地观察法、统计资料法、利用计算机及网络收集等。对于项目前期策划多用统计资料法，将与项目有关的数据进行统计分析，计算各个参数，为项目可行性研究奠定基础。在工程施工过程中，事件常以实物表现出来，因此常采用实地观察法，对工程过程中产生的各种事件进行量化，然后加工。随着计算机应用的普及，网络对于信息收集有着重要的作用。例如现在很多工程招投标信息都在网上发布，利用网络信息收集，有着迅速、便于反馈等优点。在项目中，施工阶段的信息是比较烦琐的，工程项目信息管理工作也主要集中于此。

收集内容：

1. 收集业主提供的信息

业主下达的指令、文件等。当业主负责某些材料的供应时，须收集材料的品种、数量、质量、价格、提货地点、提货方式等信息。同时应收集业主有关项目进度、质量、投资、合同等方面的意见和看法。

2. 收集承建商的信息

承建商在项目中向上级部门、设计单位、业主及其他方面发出某些文件及主要内容，如施工组织设计、各种计划、单项工程施工措施、月支付申请表、各种项目自检报告、质量问题报告等。

3. 工程项目的施工现场记录

此记录是驻地工程师的记录，主要包括工程施工历史记录、工程质量记录、工程计量、工程款记录和竣工记录等。

现场管理人员的报表：当天的施工内容；当天参加施工的人员（工程数量等）；当天施工用的机械（名称、数量等）；当天发生的施工质量问题；当天施工进度与计划进度的比较（若发生工程拖延，应说明原因）；当天的综合评论；其他说明（应注意事项）等。

工地日记现场管理人员日报表：现场每天天气；管理工作改变；其他有关情况。

驻施工现场管理负责人的日记：记录当天所做的重大决定；对施工单位所做的主要指示；发生的纠纷及可能的解决方法；工程项目负责人（或其他代表）来施工现场谈及的问题；对现场工程师的指示；与其他项目有关人员达成的协议及指示。

驻施工现场管理负责人的周报、月报：每周向工程项目管理负责人（总工程师）汇报一周内发生的重大事件；每月向总负责人及业主汇报工地施工进度状况；工程款支付情况；工程进度及拖延原因；工程质量情况；工程进展中主要问题；重大索赔事件、材料供应、组织协调方面的问题等。

4. 收集工地会议记录

工地会议是工程项目管理的一种重要方法，会议中包含大量的信息。会议制度包括会议的名称、主持人、参加人、举行时间地点等。每次会议都应有专人记录、有会议纪要。

第一次工地会议纪要：介绍业主、工程师、承建商人员；澄清制度；检查承建商的动员情况（履约保证金、进度计划、保险、组织、人员、工料等）；检查业主对合同的履行情况（资金、投保、图纸等）；管理工程师动员阶段的工作情况（提交水准点、图纸、职责分工等）；下达有关表样，明确上报时间。

经常性工地会议确定上次会议纪要：当月进度总结；进度预测；技术事宜；变更事宜；管理事宜；索赔和延期；下次工地会议等。

三、信息加工

信息加工是将收集的信息由一次信息转变为二次信息的过程，这也是项目管理者对信息管理所直接接触的地方。信息加工往往由信息管理人员和项目管理人员共同完成。信息管理人员按照项目管理人员的要求和本工程的特点，对收集的信息进行分析、归纳、分类、比较、选择，建立信息之间的联系，将工程信息和工程实质对应起来，给项目管理人员以最直接的依据。

信息加工有人工加工和计算机加工两种方式。人工加工是传统的方式，对项目中产生的数据人工进行整理分析，然后传递给主管人员或部门进行决策，传统信息管理中的资料核对就是人工信息加工。人工加工不仅烦琐，而且容易出错。特别是对于较为复杂的工程管理，往往失误频出。随着计算机在工程中的应用，计算机对信息的处理成为信息加工的主要手段。计算机加工准确、迅速，特别善于处理复杂的信息。在大型工程管理中发挥着巨大的效用。在 PMIS 系统中，信息管理人员将项目事件输入系统中，就可以得到相关的处理方案，减轻管理人员的负担。特别是大型工程中的信息数据繁多，靠人工加工几乎不可能完成，各种电化方法成为解决问题的主要手段。在小型工程管理中，往往还是以人工加工为主，这与项目规模有关。

四、信息储存与检索

信息储存与检索是互为一体的。信息储存是检索的基础。项目管理中信息储存主要包括物理储存、逻辑组织两个方面。物理储存是指考虑的内容有储存的内容、储存的介质、储存的时限等；逻辑组织储存的是信息间的结构。

对于工程项目而言，储存的内容是与项目有关的信息，包括各种图纸、文档、纪要、图片、文件等。储存的介质主要有文本、磁盘、服务器等；储存的时限是指信息保留的时间。对于不同阶段的信息，储存时限是不同的。主要是以项目后评价为依据，按照对工程影响的大小排序。对于一般大型工程而言，信息的储存过程，也是建立信息库的过程。信息库是工程的实物与信息之间的映射，是关系模型（E-R 图）的反映。根据工程特点，建立一个信息库，将相关信息分类储存。各管理人员就可以直接从信息库随时检索到需要的信息，从而为决策服务。这样有利于信息畅通、利于信息共享。

信息检索是与信息储存相关的。有什么样的信息储存，就有什么样的信息检索。对于文本储存方式，信息的检索主要靠人工完成。信息检索的使用者主要是项目管理人员，而信息储存主要是由信息管理人员完成。两者之间对信息的处理带有主观性，往往不协调，这就使管理者对信息检索有着不利影响。而对于磁盘、服务器等基于计算机的储存方式，其信息检索储存有着固定的规则，因此对于管理者信息检索较为有利。

五、信息传递与反馈

信息传递是指信息在工程与管理人员或管理人员之间的发送、接收。信息传递是信息管理的中间环节，即信息的流通环节。信息只有从信息源传递到使用者那里，才能起到应有的作用。信息能否及时传递，取决于信息的传输渠道。只有建立了合理的信息传输渠道，才能保证信息畅通，发挥信息在项目管理中的作用。信息不畅往往是工程项目信息管理中最大的障碍。各方由于信息交流不畅而导致工程未达到预期目标，主要原因有：

（1）信息的准确性，可以通过冲突信息出现的频率、缺少协调和其他有关的因为缺少交流而表现出来的现象来衡量信息的准确性。

（2）项目本身的制度，表现为项目正式的工作程序、方法和工作范围。这是在所有关键因素种类中最难以改进的一类，是项目管理者的能力所不能解决的。

（3）一些人际因素和信息可获取性之类的信息交流障碍。

（4）项目参与者对所接收信息的理解能力。

（5）设计和计划变更信息发布和接收的及时性。

（6）有关信息的完整性。

因此，信息传递要遵循下列原则：

①快速原则。力求在最短时间内，将项目事件的信息传递到相关人员和部门。

②高质量原则。指对于一次信息传递，尽量传递较多的信息。这样防止信息的多次传递，以免过多的传递而使其紊乱。并且，所传递的信息要能完整地反映所描述的工程实物内容。

③适用原则。保证信息的传递符合信息源和项目的信息使用者的使用习惯、专业特性。

信息反馈与信息交流的方向相反。对于项目管理人员而言，其接收的信息往往不能一次性满足其意愿，或对于信息有着特殊的要求，这就需要对信息进行反馈。由信息接收者反馈给信息源，将所需要的工程信息进行重新组织，根据其特殊要求进行调整。信息反馈同样要符合上述三条原则。

六、信息的维护

信息的维护是保证项目信息处于准确、及时、安全和保密的合用状态，能为管理决策提供实用服务。准确是要保持数据是最新、最完整的状态，数据是在合理的误差范围以内。信息的及时性是要在工程过程中，实时对有关信息进行更新，保证管理者所用信息是最新的。安全保密是要防止信息受到破坏和信息失窃。

通过对工程项目信息管理的全过程分析，可以大体上形成对工程项目中的信息有效的管理方法。对于信息管理还有很多方法，例如逻辑顺序法、物理过程法、系统规划法等，都需要与工程项目的特点结合才能发挥作用。

第五节　信息管理的组织系统

一、项目管理信息系统的含义

在项目管理中，信息、信息流通和信息处理各方面的总和称为项目管理信息系统。管理信息系统是将各种管理职能和管理组织沟通起来并协调一致的神经系统。建立管理系统并使之顺利地运行，是项目管理者的责任，也是完成项目管理任务的前提。项目管理者作为一个信息中心，他不仅与每个参加者有信息交流，而且他自己也有复杂的信息处理过程。不正常的信息管理系统常常会使项目管理者得不到有用的信息，同时又被大量无效信息所纠缠而损失大量的精力和时间，也容易使工作出现错误，耗费时间和费用。

项目管理信息系统必须经过专门的策划和设计，在项目实施中控制它的运行。

二、信息系统的建立

项目管理信息系统的建立要确定如下四个基本问题：

（一）信息的需要

项目管理者为了决策、计划和控制需要哪些信息？以什么形式？何时以什么渠道供应？上层系统和周边组织在项目过程中需要什么信息？

这是调查确定信息系统的输出。不同层次的管理者对信息的内容、精度、综合性有不同的要求。

管理者的信息需求是按照他在组织系统中的职责、权利、任务、目标设计的，即他要完成工作、行使权利需要哪些信息，当然他的职责还包括对其他方面提供信息。

（二）信息的收集和加工

1. 信息的收集

在项目实施过程中，每天都要产生大量的数据，如记工单、领料单、任务单、图纸、报告、指令、信件等。必须确定，由谁负责这些原始数据的收集，这些资料、数据的内容、结构、准确程度怎样，由什么渠道获得这些原始数据、资料，并具体落实到责任人。由责任人进行原始资料的收集、整理，并对它们的正确性和及时性负责。通常由专业班组长、记工员、核算员、材料管理员、分包商、秘书等承担这个任务。

2. 信息的加工

这些原始资料面广、量大、形式丰富多彩，必须经过信息加工才能得到符合管理需要的信息，符合不同层次项目管理的不同要求。信息加工的概念很广，包括：

（1）一般的信息处理方法，如排序、分类、合并、插入、删除等。

（2）数学处理方法，如数学计算、数值分析、数理统计等。

(3) 逻辑判断方法，包括评价原始资料的置信度、来源的可靠性、数值的准确性、进行项目诊断和风险分析等。

(三) 编制索引和存贮

为了查询、调用方便，建立项目文档系统，将所有信息分解、编目。许多信息作为工程项目的历史资料和实施情况证明，它们必须被妥善保存。一般的工程资料要保存到项目结束，而有些则要长期保存。按照不同的使用和储存要求，数据和资料储存于一定的信息载体上，这样既安全可靠又使用方便。

(四) 信息的使用和传递渠道

信息的传递（流通）是信息系统的最主要特征之一，即指信息流通到需要的地方，或由使用者使用的过程。信息传递的特点是仅仅传输信息的内容，而信息结构保持不变。在项目管理中，要设计好信息的传递路径，按不同的要求选择快速的、误差小的、成本低的传输方式。

三、项目管理信息系统总体描述

项目管理信息系统是在项目管理组织、项目工作流程和项目管理工作流程的基础上设计的信息流。所以，对项目管理组织、项目工作流程和项目管理工作流程的研究是建立管理信息系统的基础，而信息标准化、工作程序化、规范化是前提。项目管理信息系统可以从如下三个角度总体描述：

(一) 项目参加者之间的信息流通

项目的信息流就是信息在项目参加者之间的流通，通常与项目的组织模式相似。在信息系统中，每个参加者都是信息系统网络上的一个节点，负责信息的收集（输入）、传递（输出）和信息处理工作。

项目管理者具体设计这些信息的内容、结构、传递时间、精确程序和其他要求。

(二) 项目管理职能之间的信息流通

项目管理系统是一个非常复杂的系统，它由许多子系统构成，可以建立各个项目管理信息子系统，例如成本管理信息系统、合同管理信息系统、质量管理信息系统、材料管理信息系统等。它们是为专门的职能工作服务的，用来解决专门信息的流通问题，共同构成项目管理系统。

（三）项目实施过程中的信息流通

项目实施过程中的工作程序即可表示项目的工作流，又可以从一个侧面表示项目的信息流。可以设计在各工作阶段的信息输入、输出和处理过程及信息的内容、结构、要求、负责人等。按照实施过程，项目可以划分为可行性研究子系统、计划管理信息子系统、控制管理信息子系统。

第六节　水利水电工程管理信息系统应用情况

一、项目管理方式

（一）文档管理系统+独立的项目管理软件方式

有些工程不使用专门的管理信息系统，只针对迫切需要的文档管理购买相应的管理系统或自行开发文档管理系统。同时，借助于当前流行的项目管理软件，主要是 Microsoft Project 和 Primavera Project Planner（简称 P3）。有的工程甚至只进行简单的进度管理，使用 Microsoft Excel 绘制横道图，使用 Auto CAD 绘制网络图。

1. Microsoft Project

Microsoft Project 是一种功能强大而灵活的项目管理工具，可用于控制简单或复杂的项目。它能够帮助用户建立项目计划、对项目进行管理，并在执行过程中追踪所有活动，使用户实时掌握项目进度的完成情况、实际成本与预算的差异、资源的使用情况等信息。

Microsoft Project 的界面标准，易于使用，上有项目管理所需的各种功能，包括项目计划、资源的定义和分配、实时的项目跟踪、多种直观易懂的表格及图形，用 WEB 页面方式发出项目信息，通过 Excel、Access 或各种 ODBC 兼容数据库存取项目文件等。

2. Primavera Project Planner

Primavera Project Planner（简称 P3）工程项目管理软件是国际上流行的高档项目管理软件，已成为项目管理的行业标准。

P3 软件适用于任何工程项目，能有效地控制大型复杂项目，并可以同时管理多个工程。P3 软件提供各种资源平衡技术，可模拟实际资源消耗曲线、延时；支持工程各个部门之间通过局域网或 Internet 进行信息交换，使项目管理者可以随时掌握工程进度。P3 还支持 ODBC，可以与 Windows 程序交换数据，通过与其他系列产品的结合支持数据采集、数据存储和风险分析。

（二）购买集成的管理信息系统软件加以改造

购买在水电工程中应用较成熟的工程项目管理系统，这种方式可以快速使用管理信息系统，并可根据项目的实际情况加以改造，系统中也可集成第三方项目管理软件或是系统本身自带的项目管理模块。缺点是水利水电工程的个性差异大，现有软件往往满足不了要求，需要进行大量的改造工作，有时甚至需要推倒重来。

（三）自行组织编制本项目专用的管理信息系统

组织相关工程技术人员参与，利用自有的软件开发人员或委托有实力的软件公司，针对本工程特点，借鉴现有的信息系统经验，编制本项目的专用管理信息系统。优点是能针对具体工程特点进行信息系统的构建，容易满足实际需要；缺点是开发周期可能较长、开发难度较大，有时编制出来的软件通用性、可操作性不强，对工作效率的提高不明显。

二、水电工程中应用较多的管理信息系统

（一）三峡工程管理信息系统

三峡工程管理信息系统（TGPMS）是由三峡总公司与加拿大 AMI 公司合作开发的大型集成化工程项目管理系统。TGPMS 以数据为核心，功能包括编码结构管理、岗位管理、资金与成本控制、计划与进度管理、合同管理、质量管理、工程设计管理、物资与设备管理、工程财务与会计管理、坝区管理、文档管理等多个子系统。支持各项工程管理业务，为工程各阶段决策服务。TGPMS 在项目管理领域具有一定程度的通用性和较强的拓展性，系统可以集成办公自动化和 P3 等专业软件。作为一个原型系统，目前已在新疆的吉林台、贵州的洪家渡、清江水布垭、溪洛渡工程等水电工程建设中得到应用，而且跨行业应用于北京市政工程、京沪高铁工程等。

据了解，该系统前后耗资 1 亿多元开发，功能上比较全面，也可进行扩展，能够满足

工程需要，在质量、成本模块的数据融合上很有特色。但该系统庞大，购买费用较高，在操作界面的简易性、友好性和系统的实用性方面还有提高的空间。

（二）PMS 工程建设管理系统

PMS 工程建设管理系统，包括：施工管理、概算管理、计划管理、合同管理、结算管理、统计管理、进度管理、质量管理、安全管理、物资管理、机电安装管理、监理日志、移民搬迁管理等模块。该管理系统针对不同的工程，进行适应性的开发，在水利系统已经得到了广泛应用，已开发了几套在水利工程工地使用的工程项目信息管理系统，包括黄河公伯峡工程、广西百色工程、黑龙江尼尔基工程、泰安抽水蓄能电站工程、广东惠州抽水蓄能电站工程建设管理系统等。该系统数据整合方面还有进一步提高的空间；系统操作界面不太统一，几乎每个工程都不一样。如果能够对界面进一步规范统一，用户使用起来会更简便。

（三）梦龙项目管理系统

梦龙开发有 Link Works 协同工作平台，在此平台上可以根据需要随意增减模块，功能比较全面，尤其是进度管理方面具有很大优势，可以很方便地绘制和修改进度图、网络图，网络计划技术方面领先于国内其他同类软件。在项目管理方面，PERT 项目管理软件经过在三峡工程一期围堰、茅坪溪泄水建筑物、导流明渠和大江截流等重点施工项目中结合生产深入研究并投入实际应用，已充分展示了它先进、科学、灵活、高效、功能强大等优势，为三峡一期工程加快施工进度，提前 10 个月浇筑混凝土和安全、正点实现大江截流起到了重要作用。但总的来说，该系统在水利行业应用还不是很多。

第七节　信息平台在工程项目信息管理上的应用

一、国际上工程项目计算机辅助管理的发展趋势

计算机辅助工程项目管理的应用经历了一个长期发展过程。20 世纪 70 年代，计算机开始在工程项目管理中投入使用，最初出现的是以解决某一问题为目的的单项程序，如财务、材料、进度等，随着信息技术的发展，这些单项程序开始逐步集合成程序系统，而后

发展成为项目管理信息系统（PMIS）。20 世纪 80 年代末，在应用 PMIS 的基础上，出现了项目总控信息系统（PCIS），比较典型的案例就是德国统一后总投资超过 250 亿马克的全国铁路改造工程。20 世纪 90 年代末以来，随着互联网的广泛应用，以美国为代表，各国开始在政府投资项目上大量应用项目信息门户（PIP），实现项目各参与方之间基于互联网的信息交流与协同工作。

整个发展过程虽然体现出不同的时期出现不同的应用，但并不是说后来的系统完全替代过去的系统，而是对应用的范围进行了扩充或深化。因此，目前既存在同时具有 PIP 和 PCIS 功能作用的 PMIS，也存在具有 PMIS 和 PCIS 功能作用的 PIP。

（一）工程项目管理信息系统（PMIS）

工程项目管理信息系统（PMIS）是通过对项目管理专业业务的流程电子化、格式标准化及记录和文档信息的集中化管理，提高工程管理团队的工作质量和效率。

PMIS 与一般的 MIS 不同在于它的业务处理模式依照 PMBOK 的技术思路展开。既有相应的功能模块满足范围、进度、投资、质量、采购、人力资源、风险、文档等方面的管理以及沟通协调的业务需求，又蕴含“以计划为龙头、以合同为中心，以投资控制为重点的”的现代项目管理理念。优秀的 PMIS 既突出进度、合同和投资三个中心点，又明确它们的内在联系，为在新环境下如何进行整个工程管理业务确立了原则和方法。这种务实地利用信息技术的策略方法不仅提高了工作效率，实现良好的大型项目群管理，而且将信息优势转化为决策优势，将知识转化为智慧，切实提升了工程项目管理水平。

（二）工程项目总控信息系统（PCIS）

工程项目总控信息系统是通过信息分析与处理技术，对项目各阶段的信息进行了收集、整理、汇总与加工，提供宏观的、高度综合的概要性工程进度报告，为项目的决策提供支持。常见的情况是，当项目特别大，或者面临的是项目群的管理时，管理组织的层次会比较多。此时，往往采用 PMIS 供一般管理层进行工程项目管理，而通过 PCIS 让最高决策层对由众多子项目组成的复杂系统工程进行宏观检查、跟踪控制。

（三）工程项目信息门户（PIP）

工程项目信息门户是在对工程项目全过程中产生的各类项目信息如合同、图纸、文档等进行集中管理的基础上，为工程项目各参与方提供信息交流和协同工作环境的一种工程项目计算机辅助管理方式。PIP不同于传统意义上的文档管理，它可以实现多项目之间的数据关联，强调项目团队的合作性并为之提供多种工具。在美国纽约的自由塔等大型工程项目中，项目信息门户使项目团队及参与方出现空前的可见性、控制性和协作性。

二、工程项目管理软件的分类

目前在项目管理过程中使用的项目管理软件数量多、应用面广，几乎覆盖了工程项目管理全过程的各个阶段和各个方面。为更好地了解工程项目管理软件的应用，有必要对其进行分类。

工程项目管理软件的分类可以从以下三个方面来进行：

（一）从项目管理软件使用的各个阶段划分

1. 适用于某个阶段的特殊用途的项目管理软件

例如用于项目前期工作的评估与分析软件、房地产开发评估软件，用于设计和招标投标阶段的概预算软件、招投标管理软件、快速报价软件等。

2. 普遍适用于各个阶段的项目管理软件

例如，进度计划管理软件、费用控制软件及合同与办公事务管理软件等。

3. 对各个阶段进行集成管理的软件

例如一些高水平费用管理软件能清晰地体现投标价（概预算）形成→合同价核算与确定→工程结算、费用比较分析与控制→工程决算的整个过程，并可自动将这一过程的各个阶段关联在一起。

（二）从项目管理软件提供的基本功能划分

项目管理软件提供的基本功能主要包括进度计划管理、费用管理、资源管理、风险管理、交流管理和过程管理等，这些基本功能有些独立构成一个软件，大部分则是与其他某个或某几个功能集成构成一个软件。

1. 进度计划管理

基于网络技术的进度计划管理功能是工程项目管理中开发最早、应用最普遍、技术上最成熟的功能，也是目前绝大多数面向工程项目管理的信息系统的核心部分。具备该类功能的软件至少应能做到：定义作业（也称任务、活动），并将这些作业用一系列的逻辑关系连接起来；计算关键路径；时间进度分析；资源平衡；实际的计划执行状况，输出报告，包括甘特图和网络图等。

2. 费用管理

进度计划管理系统建立项目时间进度计划，成本（或费用）管理系统确定项目的价格，这是现在大部分项目管理软件功能的布局方式。最简单的费用管理是用于增强时间计划性能的费用跟踪功能，这类功能往往与时间进度计划功能集成在一起，但难以完成复杂的费用管理工作。高水平的费用管理功能应能胜任项目寿命周期内的所有费用单元的分析和管理工作，包括从项目开始阶段的预算、报价及其分析、管理，到中期结算、管理，再到最后的决算和项目完成后的费用分析，这类软件有些是独立使用的系统，有些是与合同事务管理功能集成在一起的。

费用管理应提供的功能包括投标报价、预算管理、费用预测、费用控制、绩效检测和差异分析。

3. 资源管理

项目管理软件中涉及的资源有狭义资源和广义资源之分。狭义资源一般是指在项目实施过程中实际投入的资源，如人力资源、施工机械、材料和设备等；广义资源除了包括狭义资源外，还包括其他诸如工程量、影响因素等有助于提高项目管理效率的因素。资源管理功能应包括：拥有完善的资源库、能自动调配所有可行的资源、能通过与其他功能的配合提供资源需求、能对资源需求和供给的差异进行分析、能自动或协助用户通过不同途径解决资源冲突问题。

4. 风险管理

变化和不确定性的存在使项目总是处在风险的包围中，这些风险包括时间上的风险（如零时差或负时差）、费用上的风险（如过低估价）、技术上的风险（如设计错误），等等。这些风险管理技术已经发展得比较完善，从简单的风险范围估计方法到复杂的风险模拟分析都在工程上得到一定程度的应用。

5. 交流管理

交流是任何项目组织的核心，也是项目管理的核心。事实上，项目管理就是从项目有关各方之间及各方内部的交流开始的。大型项目的各个参与方经常分布在跨地域的多个地点上，大多采用矩阵化组织结构形式，这种情况对交流管理提出了很高的要求；信息技术，特别是近些年 Internet、Intranet 和 Extranet 技术的发展为这些要求的实现提供了可能。

目前流行的大部分项目管理软件都集成了交流管理的功能，所提供的功能包括进度报告发布、需求文档编制、项目文档管理、项目组成员间及其与外界的通信交流、公报板和消息触发式的管理交流机制等。

（三）按照项目管理软件适用的工程对象来划分

1. 面向大型、复杂工程项目的项目管理软件

这类软件锁定的目标市场一般是那些规模大、复杂程度高的大型工程项目。其典型特征是专业性强，具有完善的功能，提供了丰富的视图和报表，可以为大型项目的管理提供项目支持。但购置费用较高，使用上较为复杂，使用人员必须经过专门培训。

2. 面向中小型项目和企业事务管理的项目管理软件

这类软件的目标市场一般是中小型项目或企业内部的事务管理过程。典型特点是：提供了项目管理所需要的最基本的功能，包括时间管理、资源管理和费用管理等；内置或附加了二次开发工具；有很强的易学易用性，使人员一般只要具备项目管理方面的知识，经过简单的引导就可以使用；购置费用低。

除以上的划分方式，还包括诸如从项目管理软件的用户角度划分的方式，等等，在此不再赘述。

三、Primavera 专业软件介绍

由于 Primavera 公司的专业软件是国际上比较成熟的而且用户很广的一系列软件，不少国际金融组织贷款项目和一些国家的工程项目指定采用此类软件，因此，这里专门介绍该公司的进度与投资动态控制软件 P3e/c。

（一）主要的管理思想

从 20 世纪 80 年代初开始到今天，P3e/c 软件在发展中不断加强，能够处理由多种要素构成的复杂“巨系统”的计划和统筹，适合多项目、多标段、多管理层次、跨组织、多用户同时进行协同的计划管理，并同时将组织、资源、成本等提升到企业管理层面，以实现多项目统一体系下的管理，并增强了分析和预控功能。P3e/c 软件背后是系统工程理论和项目管理知识体系，能实现对大系统的精良管理。

1. 广义网络计划技术

P3e/c 的核心技术为广义的网络计划技术，不但能给出作业的时间进度安排，还能给

出完成这一时间进度的投资需求，很好地解决了长期困扰大家的工期进度和投资/成本情况无法进行整体性动态管理的问题。此外，根据管理学思维，将上述进度/投资动态过程与目标管理的方法有机地联系在一起，从而使项目管理办法变为一种可操作性很强的、切实可行的手段。

2. 项目管理知识体系

P3e/c 软件符合美国项目管理协会（PMI）指定的《项目管理知识体系》（PM-BOK）是工具化的项目管理知识体系。PM-BOK 将项目管理分为九大业务范围：范围管理、综合管理、时间管理、成本管理、质量管理、人力资源管理、沟通管理、风险管理和采购管理。P3e/c 软件根据 PM—BOK 的思维方式，首先定义项目的工作范围，并形成 WBS（工作分解结构），然后根据资源、成本，外部条件等约束，编制综合管理计划，并以计划为龙头，统筹各项工作，各职能部门协同工作。因此，可以说 P3e/c 是一本活生生的项目管理教科书。

3. 企业级项目管理（EPM）

P3e/c 与 P3 相比较，最大的区别在于它将项目管理架构提升到企业管理高度，称为企业项目管理（EPM）。P3e/c 利用现代的通信和网络工具，能够对大型项目群（PROGRAM）或分布在世界各地的众多项目进行统一协调和管理。P3e/c 软件将企业多个管理层次的管理责任落实到项目分解结构中，自上而下可视化跟踪和监督；并将企业资源、成本等作为全局数据，所有项目采用一套统一体系，自下而上进行数据过滤和汇总，便于企业整体分析和调控，实现全局利益最大化。

4. 项目组合管理（PPM）

P3e/c 利用源于金融投资分析的组合管理思想，演绎项目组合管理（PPM）。P3e/c 在项目群内引进一个连贯统一的项目评估与选择机制，对具体项目的特性以及成本、资源、风险等项目要素（选择一项或多项因素）按照统一的计分评定标准进行优先级别评定，协助企业选择符合战略目标的方案。

5. 知识管理

计划是“事前之举，事中之措，事后之标准”。P3e/c 不仅能够在事前协助企业编制精良的计划，事中进行计划跟踪、分析和监控，而且可以进行项目经验和项目流程的提炼。企业利用 P3e/c 进行项目经验总结，将诸如一些施工工艺和工法、施工消耗的时间、资源和成本数据、规范的管理流程等，形成可重复利用的企业的项目模板，实现企业的最佳实践，并能够利用项目构造功能快速进行项目初始化。同时还能够逐步积累建立企业的内部定额。企业在利用 P3e/c 取得经济效益的同时，逐步提高项目管理的成熟度。

（二）重要功能特点

P3e/c 是一个综合的、多项目计划和控制软件，它在企业级上对项目、执行过程、资源和投资进行管理，非常适合大型施工工程行业（包括建筑、设计和施工）。P3e/c 在大型关系数据库 Oracle 和 MS SQL Server 上构架企业级的、包含现代项目管理体系的、具有高度灵活性和开放性的、以计划-协同-跟踪-控制-积累为主线的企业级工程项目管理软件。

1. 角色化设计模块

P3e/c 由基于 C/S（客户端/服务器端）和 B/S（浏览器/服务器端）结构的六个模块组成，通过它的各个组件为企业的各个管理层次以及外部的有关人员提供简单易用、个性化界面、协调一致的工作环境。

2. 多级计划管理

在统一框架体系下实现多级计划管理是 P3e/c 软件的功能特点之一。在大型工程管理中，业主、监理和承包单位对项目施以不同细度的管理，他们可以利用 P3e/c 软件架构上下关联的多级计划，根据每一级别的管理责任加载相应的信息。利用软件实现不同级别计划之间的时间进度、资源、费用，以及投资分析、对比控制。这种分级量化的功能特征，在实现精细化管理的同时，达到简化操作、简单化管理的目的。

（1）强大的计划分析能力

P3e/c 为从大体量信息中提取精选的分析资讯，提供强大分析能力，能够协助将信息和知识转化为决策智慧。P3e/c 中的目标对比分析、净值分析、模拟分析、组合分析等，协助用户挖掘数据库中的信息，形成专业计划分析报告，指导管理软件协调资源、调控费用、支持领导决策。

（2）强大的报表输出功能

P3e/c 具有简单易用的动态报表制作工具，无论是细微的作业进度、资源、投资信息，还是高精度的汇总分析报告，用户自由选取字段和数据组织方式，并通过报表和视图展示。P3e/c 将这些信息制作成 Office 软件格式的文档。用户还能够设置定期统计分析报告，软件自动在固定时间点触发批量生成机制。为了能及时反映工程施工动态数据信息，P3e/c 项目管理软件的管理人员也能进行工程进度计划的查询与分析，可以通过 P3e/c 项目管理软件所提供的项目信息发布工具生成进度信息网站，不仅可以为独立的网站提供用户访问，而且可以与公司的网站链接，形成项目进度信息在公司内共享。

（3）开放的数据库结构

P3e/c 采用 SQL 或 ORACLE 数据库，其数据结构完全开放，提供 API 和 SDK 等二次开发工具，并与企业进行功能拓展或与已有 MIS、OA 系统集成。P3e/c 软件与 SAP 等著名的软件已经开发了成熟的数据接口。

（三）应用方法

P3e/c 的应用需要架构企业级多项目管理框架，在此基础上进行多项目的计划编制、更新、跟踪、分析和经验积累操作。

1. 规划建立

企业级项目管理框架要利用 P3e/c 软件实现多目标、多项目、多专业集约化管理，必须建立一套统一的企业级项目管理框架。P3e/c 软件通过建立企业项目结构，组织分解结构、资源分解结构、费用分解结构等全局框架数据，将庞大复杂的系统有序分解和有机关联，协助将多个标段、多个单位、多个专业统筹在一个大型的网络计划体系中。

2. 计划编制

P3e/c 在统一的项目管理框架下，为具体项目编制计划，并通过逻辑关联实现项目与项目之间的协同。P3e/c 按照项目管理知识体系的综合计划编制方法进行计划编制的管理。首先确定项目的范围分解，建立 WPS 体系，综合考虑成本、资源、质量等因素。在 WPS 确定的基础上定义底层 WPS（工作包）的工序（作业），根据资源和费用的投入量估算所需工期，并结合工艺系统和组织关系定义工序之间的逻辑关系，经过软件的进度计算得出初始的进度计划。

在初始进度计划的基础上，检查里程碑点、交界点、控制点是否满足要求，关键资源是否超过限量，并进行进度、资源、费用的优化，形成各方认可的相对最优计划，并存储为基准目标计划，作为今后行动的纲领性文件。最后利用 WPS 软件绘制计划报告中的视图，包括工作范围分解机构、责任矩阵、工作产品和文档、里程碑计划、关键线路计划、资源需求计划、资金需求计划等。

3. 计划反馈、监控、分析、纠偏和更新

可用 P3e/c 编制的工程进度计划并非一成不变，需要根据实际进展情况不断调整。由于大型工程项目在施工过程中经常遇到诸如土建交安状况、设备和图纸交付情况等多种变化因素的影响，使得原有的工程项目计划不能及时反映施工的实际情况，因此必须定期检查、盘点实际进展情况，并将其与目标进度计划进行比较。P3e/c 能够检查进度是否出现偏差，出现偏差是否在受控范围之内，对目标里程碑有无影响，分析产生偏差的原因，并找出必要的调整措施，以便更好地指导今后的工程进展。

P3e/c 有方便的计划反馈工具，设置了灵活的进展监控机制，具有强大的进展分析功能。项目组成员不仅能够反馈计划执行的进度、资源消耗和费用情况，而且能够反馈每人（小组）每天的工作量。这对于精度要求高、协同复杂的项目是非常重要的。在反馈完进度执行情况后，P3e/c 首先进行反馈周期内的计划执行情况的分析，与基准计划进行对比。如果偏差较大，首先寻找纠偏措施，进行纠偏处理。此外，P3e/c 具有灵活的进展监控和预警功能，能够对计划与实际进度、资源、费用的偏差，以及挣值的各项指标设置临界值。当超出此临界值时，自动触发警示提醒，将问题通过 E-mail 的方式发到相关人员。

4. 多项目计划分析

面对复杂的大型项目群管理，P3e/c 项目管理软件提供了优秀的多项目、多标段计划控制管理功能及分析工具。管理人员能够利用挣值、组合分析、目标对比分析等方法，将工程执行消耗的人力、机械、设置、资源等众多信息按照不同角度过滤、浓缩和汇总，使不同管理层次都能得到实时的数据支持。除此之外，利用 P3e/c 软件中的组合分析和模拟分析核心资源和企业资金流量是否满足要求，进而发现高价值区域，指导项目取舍，调整资源配置和权衡投标策略。

第七章　建设施工安全管理

第一节　施工安全因素

一、安全管理概念

安全生产是指生产过程处于避免人身伤害、设备损坏及其他不可接受的损害风险（危险）的状态。不可接受的损害风险（危险）是指：超出了法律、法规和规章的要求，超出了方针、目标和企业规定的其他要求，超出了人们普遍接受的要求。建筑工程安全生产管理是指建设行政主管部门、建筑安全监督管理机构、建筑施工企业及有关单位对建筑安全生产过程中的安全工作，进行计划、组织、指挥、控制、监督、调节和改进等一系列致力于满足生产安全的管理活动。

（一）建筑工程安全生产管理的特点

1. 安全生产管理涉及面广、涉及单位多

由于建筑工程规模大，生产工艺复杂、工序多，在建造过程中流动作业多、高处作业多、作业位置多变、遇到不确定因素多，所以安全管理工作涉及范围大、控制面广。安全管理不仅是施工单位的责任，还包括建设单位、勘察设计单位、监理单位，这些单位也要为安全管理承担相应的责任和义务。

2. 安全生产管理动态性

（1）由于建筑工程项目的单件性，使得每项工程所处的条件不同，所面临的危险因素和防范也会有所改变。

（2）工程项目的分散性。

施工人员在施工过程中，分散于施工现场的各个部位，当他们面对各种具体的生产问题时，一般依靠自己的经验和知识进行判断并做出决定，从而增加了施工过程中由不安全行为而导致事故的风险。

3. 安全生产管理的交叉性

建筑工程项目是开放系统，受自然环境和社会环境影响很大，安全生产管理需要把工程系统和环境系统及社会系统相结合。

4. 安全生产管理的严谨性

安全状态具有触发性，安全管理措施必须严谨，一旦失控，就会造成损失和伤害。

（二）建筑工程安全生产管理的方针

“安全第一”是建筑工程安全生产管理的原则和目标，“预防为主”是实现安全第一的最重要手段。

（三）建筑工程安全管理的原则

1.“管生产必须管安全”的原则

一切从事生产、经营的单位和管理部门都必须管安全，全面开展安全工作。

2.“安全具有否决权”的原则

安全管理工作是衡量企业经营管理工作好坏的一项基本内容，在对企业进行各项指标考核时，必须首先考虑安全指标的完成情况。安全生产指标具有一票否决的作用。

3. 职业安全卫生“三同时”的原则

“三同时”指建筑工程项目其劳动安全卫生设施必须符合国家规范规定的标准，必须与主体工程同时设计、同时施工、同时投入生产和使用。

（四）建筑工程安全生产管理有关法律、法规与标准、规范

1. 法治是强化安全管理的重要内容

法律是上层建筑的组成部分，为其赖以建立的经济基础服务。

2. 事故处理“四不放过”的原则

（1）事故原因分析不清不放过。

（2）事故责任者和群众没有受到教育不放过。

（3）没有采取防范措施不放过。

（4）事故责任者没有受到处理不放过。

（五）安全生产责任制度

安全生产责任制度是建筑生产中最基本的安全管理制度，是所有安全规章制度的核心。安全生产责任制度是指将各种不同的安全责任落实到具体安全管理人员和具体岗位人员身上的一种制度。这一制度是安全第一、预防为主的具体体现，是建筑安全生产的基本制度。

（六）安全生产目标管理

安全生产目标管理就是根据建筑施工企业的总体规划要求，制定出在一定时期内安全生产方面所要达到的预期目标并组织实现此目标。其基本内容是：确定目标、目标分解、执行目标、检查总结。

（七）施工组织设计

施工组织设计是组织建设工程施工的纲领性文件，是指导施工准备和组织施工的全面性的技术、经济文件，是指导现场施工的规范性文件。施工组织设计必须在施工准备阶段完成。

（八）安全技术措施

安全技术措施是指为防止工伤事故和职业病的危害，从技术上采取的措施。在工程施工中，是指针对工程特点、环境条件、劳力组织、作业方法、施工机械、供电设施等制定的确保安全施工的措施。

安全技术措施也是建设工程项目管理实施规划或施工组织设计的重要组成部分。

（九）安全技术交底

安全技术交底是落实安全技术措施及安全管理事项的重要手段之一。重大安全技术措施及重要部位的安全技术由公司负责人向项目经理部技术负责人进行书面的安全技术交底；一般安全技术措施及施工现场应注意的安全事项由项目经理部技术负责人向施工作业班组、作业人员做出详细说明，并经双方签字认可。

（十）安全教育

安全教育是实现安全生产的一项重要基础工作，它可以提高职工搞好安全生产的自觉性、积极性和创造性，增强安全意识，掌握安全知识，提高职工的自我防护能力，使安全规章制度得到贯彻执行。安全教育培训的主要内容有：安全生产思想、安全知识、安全技能、安全操作规程标准、安全法规、劳动保护和典型事例。

（十一）班组安全活动

班组安全活动是指在上班前由班组长组织并主持，根据本班目前工作内容，重点介绍安全注意事项、安全操作要点，以达到组员在班前掌握安全操作要领、提高安全防范意识，减少事故发生的活动。

（十二）特种作业

特种作业是指在劳动过程中容易发生伤亡事故，对操作者本人尤其对他人和周围设施的安全有重大危害因素的作业。直接从事特种作业者，称特种作业人员。

（十三）安全检查

安全检查是指建设行政主管部门、施工企业安全生产管理部门或项目经理，对施工企业和工程项目经理部贯彻国家安全生产法律及法规的情况、安全生产情况、劳动条件、事故隐患等进行的检查。

（十四）安全事故

安全事故是人们在进行有目的的活动中，发生了违背人们意愿的不幸事件，使其有目的的行动暂时或永久停止。重大安全事故，是指在施工过程中由于责任过失造成工程倒塌或废弃、机械设备破坏和安全设施失当造成人身伤亡或者重大经济损失的事故。

（十五）安全评价

安全评价是采用系统科学方法，辨别和分析系统存在的危险性并根据其形成事故的风险大小，采取相应的安全措施，以达到系统安全的过程。安全评价的基本内容有：识别危险源、评价风险、采取措施，直到达到安全目标。

（十六）安全标志

安全标志由安全色、几何图形符号构成，以此表达特定的安全信息。其目的是引起人们对不安全因素的注意，预防事故的发生。安全标志分为禁止标志、警告标志、指令标志、提示性标志四类。

二、工程施工特点

建筑业的生产活动危险性大，不安全因素多，是事故多发行业。建筑施工的特点主要是：

（1）工程建设最大的特点就是产品固定，这是它不同于其他行业的根本点，建筑产品是固定的，体积大、生产周期长。建筑物一旦施工完毕就固定了，生产活动都是围绕着建筑物、构筑物来进行的，有限的场地上集中了大量的人员、建筑材料、设备零部件和施工机具等，这样的情况可以持续几个月或一年，有的甚至需要七八年，工程才能完成。

（2）高处作业多，工人常年在室外操作。一栋建筑物从基础、主体结构到屋面工程、室外装修等，露天作业约占整个工程的70%。现在的建筑物一般都在7层以上，绝大部分工人都在十几米或几十米的高处从事露天作业。工作条件差，且受到气候条件多变的影响。

（3）手工操作多，繁重的劳动消耗大量体力。建筑业是劳动密集型的传统行业之一，大多数工种需要手工操作。近几年来，墙体材料有了改革，出现了大模板、滑模、大板等施工工艺，但就全国来看，绝大多数墙体仍然是使用黏土砖、水泥空心砖和小砌块砌筑。

（4）现场变化大。每栋建筑物从基础、主体到装修，每道工序都不同，不安全因素也就不同，即使同一工序由于施工工艺和施工方法不同，生产过程也不同。而随着工程进度的推进，施工现场的施工状况和不安全因素也随之变化。为了完成施工任务，要采取很多临时性措施。

（5）近年来，建筑任务已由以工业为主向以民用建筑为主转变，建筑物由低层向高层发展，施工现场由较为宽阔的场地向狭窄的场地变化。施工现场的吊装工作量增多，垂直运输的办法也多了，多采用龙门架（或井字架）、高大旋转塔吊等。随着流水施工技术和网络施工技术的运用，交叉作业也随之大量增加，木工机械如电平刨、电锯普遍使用。因施工条件变化，伤亡类别增多。过去是“钉子扎脚”等小事故较多，现在则是机械伤害、高处坠落、触电等事故较多。

建筑施工复杂，加上流动分散、工期不固定，比较容易形成临时观念，不采取可靠的安全防护措施，存在侥幸心理，伤亡事故必然频繁发生。

三、影响施工的安全因素

事故潜在的不安全因素是造成人的伤害、物的损失事故的先决条件，各种人身伤害事故均离不开物与人这两个因素。人的不安全行为和物的不安全状态，是造成绝大部分事故的两个潜在的不安全因素，通常也可称作事故隐患。

（一）安全因素特点

安全是在人类生产过程中，将系统的运行状态对人类的生命、财产、环境可能产生的损害控制在人类能接受水平以下的状态。安全因素的定义就是在某一指定范围内与安全有关的因素。水利水电工程施工安全因素有以下特点：

（1）安全因素的确定取决于所选的分析范围，此处分析范围可以指整个工程，也可以针对具体工程的某一施工过程或者某一部分的施工，例如，围堰施工、升船机施工等。

（2）安全因素的辨识依赖于对施工内容的了解、对工程危险源的分析以及运作安全风险评价的人员的安全工作经验。

（3）安全因素具有针对性，并不是对于整个系统事无巨细地考虑，安全因素的选取具有一定的代表性和概括性。

（4）安全因素具有灵活性，只要能对所分析的内容具有一定概括性，能达到系统分析的效果的，都可成为安全因素。

（5）安全因素是进行安全风险评价的关键点，是构成评价系统框架的节点。

（二）安全因素辨识过程

安全因素是进行风险评价的基础，人们在辨识出的安全因素的基础上，进行风险评价框架的构建。在进行水利水电工程施工安全因素的辨识时，首先对工程施工内容和施工危险源进行分析和了解，在危险源的认知基础上，以整个工程为分析范围，从管理、施工人员、材料、危险控制等各个方面结合以往的安全分析危险，进行安全因素的辨识。

宏观安全因素辨识工作需要收集以下资料：

1. 工程所在区域状况

（1）本地区有无地震、洪水、浓雾、暴雨、雪害、龙卷风及特殊低温等自然灾害。

（2）工程施工期间如发生火药爆炸、油库火灾爆炸等对邻近地区有何影响。

（3）工程施工过程中如发生大范围滑坡、塌方及其他意外情况对行船、导流、行车等有无影响。

（4）附近有无易燃、易爆、毒物泄漏的危险源，对本区域的影响如何，是否存在其他类型的危险源。

（5）工程施工过程中排土、排渣是否会形成公害或对本工程及友邻工程产生不良影响。

（6）公用设施如供水、供电等是否充足，重要设施有无备用电源。

（7）本地区消防设备和人员是否充足。

（8）本地区医院、救护车及救护人员等配置是否适当，有无现场紧急抢救措施。

2. 安全管理情况

（1）安全机构、安全人员设置满足安全生产要求与否。

（2）怎样进行安全管理的计划、组织协调、检查、控制工作。

（3）对施工队伍中各类用工人员是否实行了安全一体化管理。

（4）有无安全考评及奖罚方面的措施。

（5）如何进行事故处理。同类事故发生情况如何。

（6）隐患整改如何。

（7）是否制订有切实有效且操作性强的防灾计划。领导是否经常过问。关键性设备、设施是否定期进行试验、维护。

（8）整个施工过程是否制定完善的操作规程和岗位责任制，实施状况如何。

（9）程序性强的作业（如起吊作业）及关键性作业（如停送电、放炮）是否实行标准化作业。

（10）是否进行在线安全训练。职工是否掌握必备的安全抢救常识和紧急避险、互救知识。

3. 施工措施安全情况

（1）是否设置了明显的工程界限标志。

（2）有可能发生塌陷、滑坡、爆破飞石、吊物坠落等危险场所是否标定合适的安全范围并设有警示标志或信号。

（3）友邻工程施工中在安全上相互影响的问题是如何解决的。

（4）特殊危险作业是否规定了严格的安全措施，能否强制实施。

（5）可能发生车辆伤害的路段是否设有合适的安全标志。

（6）作业场所的通道是否良好，是否有滑倒、摔伤的危险。

（7）所有用电设施是否按要求接地、接零。人员可能触及的带电部位是否采取有效的保护措施。

（8）可能遭受雷击的场所是否采取了必要的防雷措施。

（9）作业场所的照明、噪声、有毒有害气体浓度是否符合安全要求。

（10）所使用的设备、设施、工具、附件、材料是否具有危险性。是否定期进行检查确认，有无检查记录。

（11）作业场所是否存在冒顶片帮或坠井、掩埋的危险性，曾经采取了何种措施。

（12）登高作业是否采取了必要的安全措施（可靠的跳板、护栏、安全带等）。

（13）防、排水设施是否符合安全要求。

（14）劳动防护用品适应作业要求之情况，发放数量、质量、更换周期满足要求与否。

4. 油库、炸药库等易燃、易爆危险品

（1）危险品名称、数量、设计最大存放量。

（2）危险品化学性质及其燃点、闪点、爆炸极限、毒性、腐蚀性等了解与否。

（3）危险品存放方式（是否根据其用途及特性分开存放）。

（4）危险品与其他设备、设施等之间的距离，爆破器材分放点之间是否有殉爆的可能性。

（5）存放场所的照明及电气设施的防爆、防雷、防静电情况。

（6）存放场所的防火设施配置消防通道与否。有无烟、火自动检测报警装置。

（7）存放危险品的场所是否有专人 24 小时值班，有无具体岗位责任制和危险品管理制度。

（8）危险品的运输、装卸、领用、加工、检验、销毁是否严格按照安全规定进行。

（9）危险品运输、管理人员是否掌握火灾、爆炸等危险状况下的避险、自救、互救的知识。是否定期进行必要的训练。

5. 起重运输大型作业机械情况

（1）运输线路里程、路面结构、平交路口、防滑措施等情况如何。

（2）指挥、信号系统情况如何。信息通道是否存在干扰。

（3）人机系统匹配有何问题。

（4）设备检查、维护制度和执行情况如何。是否实行各层次的检查，周期多长，是否实行定期计划维修，周期多长。

(5) 司机是否经过作业适应性检查。

(6) 过去事故情况如何。

以上均是进行施工安全风险因素识别时需要考虑的主要因素。在实际工程中须考虑的因素可能比上述因素还要多。

（三）施工过程行为因素

采用HFACS框架对导致工程施工事故发生的行为因素进行分析。对标准的HFACS框架进行修订，以适应水电工程施工实际的安全管理、施工作业技术措施、人员素质等状况。框架的修改遵循四个原则：

第一，删除在事故案例分析中出现频率极少的因素，包括对工程施工影响较小和难以在事故案例中找到的潜在因素。

第二，对相似的因素进行合并，避免重复统计，从而无形之中提高类似因素在整个工程施工当中的重要性。

第三，针对水电工程施工的特点，对因素的定义、因素的解释和其涵盖的具体内容进行适当的调整。

第四，HFACS框架是从国外引进的，将部分因素的名称加以修改，以更贴切我国工程施工安全管理业务的习惯用语。

对标准HFACS框架修改如下：

1. 企业组织影响（L4）

企业（包括水电开发企业、施工承包单位、监理单位）组织层的差错属于最高级别的差错，它的影响通常是间接的、隐性的，因而常会被安全管理人员所忽视。在进行事故分析时，很难发掘企业组织层的缺陷；而一经发现，其改正的代价也很高，但是更能加强系统的安全。一般而言，组织影响包括三个方面：

(1) 资源管理

主要指组织资源分配及维护决策存在的问题，如安全组织体系不完善、安全管理人员配备不足、资金设施等管理不当、过度削减与安全相关的经费（安全投入不足）等。

(2) 安全文化与氛围

可以定义为影响管理人员与作业人员绩效的多种变量，包括组织文化和政策，比如，信息流通传递不畅、企业政策不公平、只奖不罚或滥奖、过于强调惩罚等都属于不良的文化与氛围。

（3）组织流程

主要涉及组织经营过程中的行政决定和流程安排，如施工组织设计不完善、企业安全管理程序存在缺陷、制定的某些规章制度及标准不完善等。

其中，“安全文化与氛围”这一因素，虽然在提高安全绩效方面具有积极作用，但不好定性衡量，在事故案例报告中也未指明，而且在工程施工各类人员成分复杂的结构当中，其传播较难有一个清晰的脉络。为了简化分析过程，将该因素去除。

2. 安全监管（L3）

（1）监督（培训）不充分

指监督者或组织者没有提供专业的指导、培训、监督等。若组织者没有提供充足的CRM培训，或某个管理人员、作业人员没有这样的培训机会，则班组协同合作能力将会大受影响，出现差错的概率必然增加。

（2）作业计划不适当

包括这样几种情况：班组人员配备不当，如没有职工代班，没有提供足够的休息时间，任务或工作负荷过量。整个班组的施工节奏以及作业安排由于赶工期等原因安排不当，会使得作业风险加大。

（3）隐患未整改

指的是管理者知道人员、培训、施工设施、环境等相关安全领域的不足或隐患之后，仍然允许其持续下去的情况。

（4）监督违规

指的是管理者或监督者有意违反现有的规章程序或安全操作规程，如允许没有资格、未取得相关特种作业证的人员作业等。

以上四项因素在事故案例报告中均有体现，虽然相互之间有关联，但各有差异，彼此独立，因此，均加以保留。

3. 不安全行为的前提条件（L2）

这一层级指出了直接导致不安全行为发生的主客观条件，包括作业人员状态、环境因素和人员因素。将“物理环境”改为“作业环境”，“施工人员资源管理”改为“班组管理”，“人员准备情况”改为“人员素质”。定义如下：

（1）作业环境

既指操作环境（如气象、高度、地形等），也指施工人员周围的环境，如作业部位的高温、振动、照明、有害气体等。

(2) 技术措施

包括安全防护措施、安全设备和设施设计、安全技术交底的情况，以及作业程序指导书与施工安全技术方案等一系列情况。

(3) 班组管理

属于人员因素，常为许多不安全行为的产生创造前提条件。未认真开展“班前会”及搞好“预知危险活动”；在施工作业过程中，安全管理人员、技术人员、施工人员等相互间信息沟通不畅、缺乏团队合作等问题属于班组管理不良。

(4) 人员素质

包括体力（精力）差、不良心理状态与不良生理状态等生理心理素质，如精神疲劳，失去情境意识，工作中自满、安全警惕性差等属于不良心理状态；生病、身体疲劳或服用药物等引起生理状态差，当操作要求超出个人能力范围时会出现身体、智力局限，同时为安全埋下隐患，如视觉局限、休息时间不足、体能不适应等；以及没有遵守施工人员的休息要求、培训不足、滥用药物等属于个人准备情况的不足。

将标准 HFACS 的“体力（精力）限制”“不良心理状态”与“不良生理状态”合并，是因为这三者可能互相影响和转换。“体力（精力）限制”可能会导致“不良心理状态”与“不良生理状态”，此处便产生了重复，增加了心理和生理状态在所有因素当中的比重。同时，“不良心理状态”与“不良生理状态”之间也可能相互转化，由于心理状态的失调往往会带来生理上的伤害，而生理上的疲劳等因素又会引起心理状态的变化，两者相辅相成，常常是共同存在的。此外，没有充分休息、滥用药物、生病、心理障碍也可以归结为人员准备不足，因此，将“体力（精力）限制”“不良心理状态”与“不良生理状态”合并至“人员素质”。

4. 施工人员的不安全行为（L1）

人的不安全行为是系统存在问题的直接表现。将这种不安全行为分成三类：知觉与决策差错、技能差错以及操作违规。

(1) 知觉与决策差错

“知觉差错”和“决策差错”通常是并发的，由于对外界条件、环境因素以及施工器械状况等现场因素在感知上产生的失误，进而导致做出错误的决定。决策差错指由于经验不足、缺乏训练或外界压力等造成，也可能理解问题不彻底，如紧急情况判断错误、决策失误等。知觉差错指一个人的感知觉和实际情况不一致，可能是由于工作场所光线不足，或在不利地质、气象条件下作业等。

（2）技能差错

包括漏掉程序步骤、作业技术差、作业时注意力分配不当等。不依赖于所处的环境，而是由施工人员的培训水平决定，在操作当中又不可避免地发生，因此应该作为独立的因素保留。

（3）操作违规

故意或者主观不遵守确保安全作业的规章制度，分为习惯性的违规和偶然性的违规。前者是组织或管理人员能容忍和默许的，常造成施工人员习惯成自然；而后者偏离规章或施工人员通常的行为模式，一般会被立即禁止。

确定适用于水电工程施工的修订的 HFACS 框架应当如图 7-1 所示。

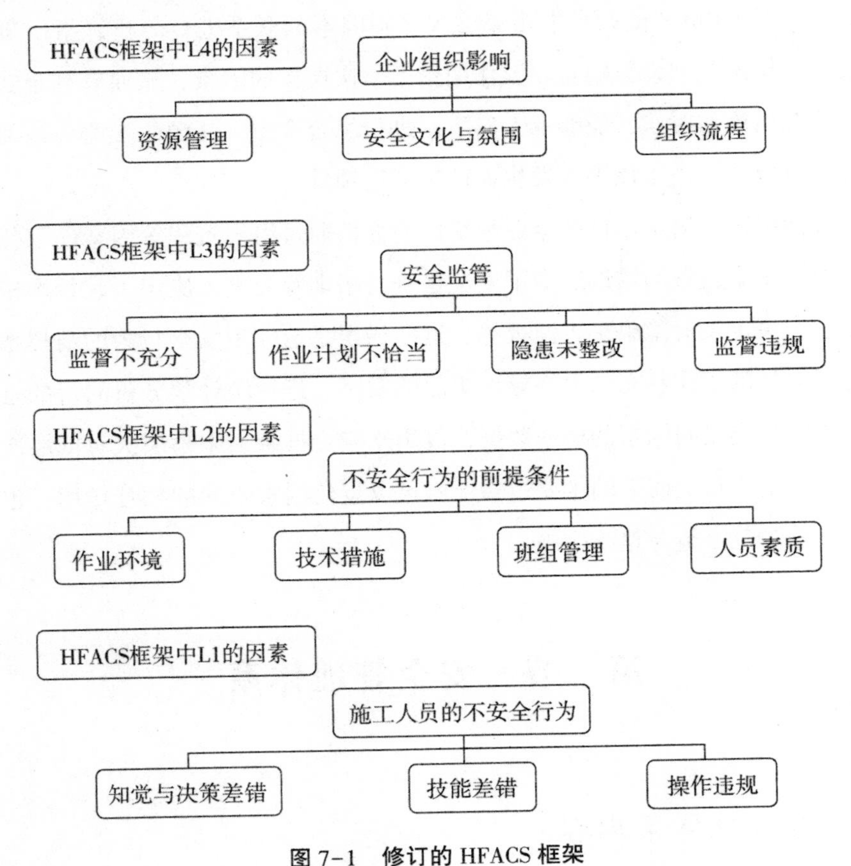

图 7-1　修订的 HFACS 框架

经过修订的 HFACS 新框架，根据工程施工的特点重新选择了因素。在实际的工程施工事故分析以及制定事故防范与整改措施的过程中，通常会成立事故调查组对某一类原因进行调查，比如对施工人员的不安全行为进行调查，给出处理意见及建议。应用 HFACS

框架的目的之一是尽快找到并确定在工程施工中，所有已经发生的事故当中，哪一类因素占相对重要的部分，可以集中人力和物力资源对该因素所反映的问题进行整改。对于类似的或者可以归为一类的因素整体考虑，科学决策，将结果反馈给整改单位，由他们完成一系列相关后续工作。因此，修订后的 HFACS 框架通过对标准框架因素的调整，加强了独立性和概括性，能更合理地反映水利水电工程施工的实际状况。

应用 HFACS 框架对行为因素导致事故的情况初步分类，在求证判别一致性的基础上，分析了导致事故发生的主要因素。但这种分析只是静态的，HFACS 框架仅仅简单地将发生事故中的行为因素进行分类，没有指出上层因素是如何影响下层因素的，以及采取什么样的措施才能在将来尽量避免事故发生。基于 HFACS 框架的静态分析只是将行为因素按照不同的层次进行了重新配置，没有寻求因素的发生过程和事故的解决之道。因此，有必要在此基础上，对 HFACS 框架当中相邻层次之间因素的联系进行分析，指出每个层次的因素如何被上一层次的因素影响，以及作用于下一次层次的因素，从而有利于在针对某因素制定安全防范措施的时候，能够承上启下，进行综合考虑，从源头上避免该类因素的产生，并且能够有效抑制由于该因素发生而产生的连锁反应。

采用统计性描述，揭示不良的企业组织影响如何通过组织流程等因素向下传递造成安全监管的失误，安全监管的错误决定了安全检查与培训等力度，决定了是否严格执行安全管理规章制度，决定了对隐患是否漠视等，这些错误是造成不安全行为的前提条件，进一步影响了施工人员的工作状态，最终导致事故的发生。进行统计学分析的目的是为了提供邻近层次的不同种类之间因素的概率数据，以用来确定框架当中高层次对低层次因素的影响程度。一旦确定了自上而下的主要途径，就可以量化因素之间的相互作用，也有利于制定针对性的安全防范措施与整改措施。

第二节　安全管理体系

一、安全管理体系内容

（一）建立健全安全生产责任制

安全生产责任制是安全管理的核心，是保障安全生产的重要手段，它能有效地预防事故的发生。

安全生产责任制是根据“管生产必须管安全”“安全生产人人有责”的原则，明确各级领导和各职能部门及各类人员在生产活动中应负的安全职责的制度。有些安全生产责任制，就能把安全与生产从组织形式上统一起来，把“管生产必须管安全”的原则从制度上固定下来，从而增强了各级管理人员的安全责任心，使安全管理纵向到底、横向到边、专管成线、群管成网，责任明确、协调配合、共同努力，真正把安全生产工作落到实处。

安全生产责任制的内容要分级制定和细化，如企业、项目、班组都应建立各级安全生产责任制，按其职责分工，确定各自的安全责任，并组织实施和考评，保证安全生产责任制的落实。

（二）制定安全教育制度

安全教育制度是企业对职工进行安全法律、法规、规范、标准、安全知识和操作规程培训教育的制度，是提高职工安全意识的重要手段，是企业安全管理的一项重要内容。

安全教育制度内容应规定：定期和不定期安全教育的时间、应受教育的人员、教育的内容和形式，如新工人、外施队人员等进场前必须接受三级（公司、项目、班组）安全教育。从事危险性较大的特殊工种的人员必须经过专门的培训机构培训合格后持证上岗，每年还必须进行一次安全操作规程的训练和再教育。对采用新工艺、新设备、新技术和变换工种的人员应进行安全操作规程和安全知识的培训和教育。

（三）制定安全检查制度

安全检查是发现隐患、消除隐患、防止事故、改善劳动条件和环境的重要措施，是企业预防安全生产事故的一项重要手段。

安全检查制度内容应规定：安全检查负责人、检查时间、检查内容和检查方式。它包括经常性的检查、专业化的检查、季节性的检查、专项性的检查，以及群众性的检查等。对于检查出的隐患应进行登记，并采取定人、定时间、定措施的“三定”办法给予解决，同时对整改情况进行复查验收，彻底消除隐患。

（四）制定各工种安全操作规程

工种安全操作规程是消除和控制劳动过程中的不安全行为，预防伤亡事故，确保作业人员的安全和健康所需要的措施，也是企业安全管理的重要制度之一。

安全操作规程的内容应根据国家和行业安全生产法律、法规、标准、规范，结合施工现场的实际情况制定。同时根据现场使用的新工艺、新设备、新技术，制定出相应的安全操作规程，并监督其实施。

（五）制定安全生产奖罚办法

企业制定安全生产奖罚办法的目的是不断提高劳动者进行安全生产的自觉性，调动劳动者的积极性和创造性，防止和纠正违反法律、法规和劳动纪律的行为，也是企业安全管理的重要制度之一。

安全生产奖罚办法规定奖罚的目的、条件、种类、数额、实施程序等。企业只有建立安全生产奖罚办法，做到有奖有罚、奖罚分明，才能鼓励先进、督促落后。

（六）制定施工现场安全管理规定

施工现场安全管理规定是施工现场安全管理制度的基础，目的是规范施工现场安全防护设施的标准化、定型化。

施工现场安全管理规定的内容包括：施工现场一般安全规定、安全技术管理、脚手架工程安全管理（包括特殊脚手架、工具式脚手架等）、电梯井操作平台安全管理、马路搭设安全管理、大模板拆装存放安全管理、水平安全网、井字架（龙门架）安全管理、孔洞临边防护安全管理、拆除工程安全管理等。

（七）制定机械设备安全管理制度

机械设备是指目前建筑施工普遍使用的垂直运输和加工机具，由于机械设备本身存在一定的危险性，管理不当就可能造成机毁人亡，所以，它是目前施工安全管理的重点对象。

机械设备安全管理制度规定，大型设备应到上级有关部门备案，符合国家和行业有关规定，还应设专人负责定期进行安全检查、保养，保证机械设备处于良好的状态，以及各种机械设备的安全管理制度。

（八）制定施工现场临时用电安全管理制度

施工现场临时用电是目前建筑施工现场离不开的一项操作，由于其使用广泛、危险性比较大，因此它牵涉每个劳动者的安全，也是施工现场一项重要的安全管理制度。

施工现场临时用电管理制度的内容应包括外电的防护、地下电缆的保护、设备的接地与接零保护、配电箱的设置及安全管理规定（总箱、分箱、开关箱）、现场照明、配电线路、电器装置、变配电装置、用电档案的管理等。

（九）制定劳动防护用品管理制度

使用劳动防护用品是为了减轻或避免劳动过程中，劳动者受到的伤害和职业危害，保护劳动者安全健康的一项预防性辅助措施，是安全生产防止职业性伤害的需要，对于减少职业危害起着相当重要的作用。

劳动防护用品制度的内容应包括：安全网、安全帽、安全带、绝缘用品、防职业病用品等。

二、建立健全安全组织机构

施工企业一般都有安全组织机构，但必须建立健全项目安全组织机构，确定安全生产目标，明确参与各方对安全管理的具体分工，安全岗位责任与经济利益挂钩，根据项目的性质规模不同，采用不同的安全管理模式。对于大型项目，必须安排专门的安全总负责人，并配以合理的班子，共同进行安全管理，建立安全生产管理的资料档案。实行单位领导对整个施工现场负责、专职安全员对部位负责、班组长和施工技术员对各自的施工区域负责、操作者对自己的工作范围负责的“四负责”制度。

三、安全管理体系建立步骤

（一）领导决策

最高管理者亲自决策，以便获得各方面的支持和在体系建立过程中所需的资源保证。

（二）成立工作组

最高管理者或授权管理者代表成立的工作小组负责建立安全管理体系。工作小组的成员要覆盖组织的主要职能部门，组长最好由管理者代表担任，以保证小组对人力、资金、信息的获取。

（三）人员培训

培训的目的是使有关人员了解建立安全管理体系的重要性，了解标准的主要思想和内容。

（四）初始状态评审

初始状态评审要对组织过去和现在的安全信息、状态进行收集，调查分析、识别和获取现有的、适用的法律、法规和其他要求，进行危险源辨识和风险评价，评审的结果将作为制定安全方针、管理方案、编制体系文件的基础。

（五）制订方针、目标、指标的管理方案

方针是组织对其安全行为的原则和意图的声明，也是组织自觉承担其责任和义务的承诺。方针不仅为组织确定了总的指导方向和行动准则，而且是评价一切后续活动的依据，并为更加具体的目标和指标提供一个框架。

安全目标、指标的制定是组织为了实现其在安全方针中所体现出的管理理念及其对整体绩效的期许与原则，与企业的总目标相一致。

管理方案是实现目标、指标的行动方案。为保证安全管理体系的实现，须结合年度管理目标和企业客观实际情况，策划制订安全管理方案。该方案应明确旨在实现目标、指标的相关部门的职责、方法、时间表以及资源的要求。

第三节　施工安全控制

一、安全操作要求

（一）爆破作业

1. 爆破器材的运输

气温低于10℃运输易冻的硝化甘油炸药时，应采取防冻措施；气温低于-15℃运输硝化甘油炸药时，也应采取防冻措施；禁止用翻斗车、自卸汽车、拖车、机动三轮车、人力三轮车、摩托车和自行车等运输爆破器材；运输炸药雷管时，装车高度要低于车厢10cm。车厢、船底应加软垫。雷管箱不许倒放或立放，层间也应垫软垫；水路运输爆破器材，停泊地点距岸上建筑物不得小于250m；汽车运输爆破器材，汽车的排气管宜设在车前下侧，

并应设置防火罩装置；汽车在视线良好的情况下行驶时，时速不得超过20km（工区内不得超过15km）；在弯多坡陡、路面狭窄的山区行驶，时速应保持在5km以内。平坦道路行车间距应大于50m，上下坡应大于300m。

2. 爆破

明挖爆破音响依次发出预告信号（现场停止作业，人员迅速撤离）、准备信号、起爆信号、解除信号。检查人员确认安全后，由爆破作业负责人通知警报室发出解除信号。在特殊情况下，如准备工作尚未结束，应由爆破负责人通知警报室延后发布起爆信号，并用广播器通知现场全体人员。装药和堵塞应使用木、竹制作的炮棍。严禁使用金属棍棒装填。

深孔、竖井、倾角大于30°的斜井、有瓦斯和粉尘爆炸危险等工作面的爆破，禁止采用火花起爆；炮孔的排距较密时，导火索的外露部分不得超过1. 0m，以防止导火索互相交错而起火；一人连续单个点火的火炮，暗挖不得超过5个，明挖不得超过10个；并应在爆破负责人指挥下，做好分工及撤离工作；当信号炮响后，全部人员应立即撤出炮区，迅速到安全地点掩蔽；点燃导火索应使用专用点火工具，禁止使用火柴和打火机等。

用于同一爆破网路内的电雷管，电阻值应相同。网路中的支线、区域线和母线彼此连接之前各自的两端应绝缘；装炮前工作面一切电源应切除，照明至少设于距工作面30m以外，只有确认炮区无漏电、感应电后，才可装炮；雷雨天严禁采用电爆网路；供给每个电雷管的实际电流应大于准爆电流，网路中全部导线应绝缘；有水时导线应架空；各接头应用绝缘胶布包好，两条线的搭接口禁止重叠，至少应错开0.1m；测量电阻只许使用经过检查的专用爆破测试仪表或线路电桥；严禁使用其他电气仪表进行测量；通电后若发生拒爆，应立即切断母线电源，将母线两端拧在一起，锁上电源开关箱进行检查；进行检查的时间：对于即发电雷管，至少在10min以后；对于延发电雷管，至少在15min以后。

导爆索只准用快刀切割，不得用剪刀剪断导火索；支线要顺主线传爆方向连接，搭接长度不应少于15cm，支线与主线传爆方向的夹角应不大于90°；起爆导爆索的雷管，其聚能穴应朝向导爆索的传爆方向；导爆索交叉敷设时，应在两根交叉爆索之间设置厚度不小于10cm的木质垫板；连接导爆索中间不应出现断裂破皮、打结或打圈现象。

用导爆管起爆时，应有设计起爆网路，并进行传爆试验；网路中所使用的连接元件应经过检验合格；禁止导爆管打结，禁止在药包上缠绕；网路的连接处应牢固，两元件应相距2m；敷设后应严加保护，防止冲击或损坏；一个8号雷管起爆导爆管的数量不宜超过40根，层数不宜超过3层，只有确认网路连接正确，与爆破无关人员已经撤离，才准许接入引爆装置。

（二）起重作业

钢丝绳的安全系数应符合有关规定。根据起重机的额定负荷，计算好每台起重机的吊点位置，最好采用平衡梁抬吊。每台起重机所分配的荷重不得超过其额定负荷的75%～80%。应有专人统一指挥，指挥者应站在两台起重机司机都能看到的位置。重物应保持水平，钢丝绳应保持铅直受力均衡。具备经有关部门批准的安全技术措施。起吊重物离地面10cm时，应停机检查绳扣、吊具和吊车的刹车可靠性，仔细观察周围有无障碍物。确认无问题后，方可继续起吊。

（三）脚手架拆除作业

拆脚手架前，必须将电气设备和其他管、线、机械设备等拆除或加以保护。拆脚手架时，应统一指挥，按顺序自上而下进行；严禁上下层同时拆除或自下而上进行。拆下的材料，禁止往下抛掷，应用绳索捆牢，用滑车、卷扬机等工具慢慢放下来，集中堆放在指定地点。拆脚手架时，严禁采用将整个脚手架推倒的方法进行拆除。三级、特级及悬空高处作业使用的脚手架拆除时，必须事先制定安全可靠的措施才能进行拆除。拆除脚手架的区域内，无关人员禁止逗留和通过，在交通要道应设专人警戒。架子搭成后，未经有关人员同意，不得任意改变脚手架的结构和拆除部分杆子。

（四）常用安全工具

安全帽、安全带、安全网等施工生产使用的安全防护用具，应符合国家规定的质量标准，具有厂家安全生产许可证、产品合格证和安全鉴定合格证书，否则不得采购、发放和使用。常用安全防护用具应经常检查和定期试验。高处临空作业应按规定架设安全网，作业人员使用的安全带，应挂在牢固的物体上或可靠的安全绳上，安全带严禁低挂高用。挂安全带用的安全绳，不宜超过3m。在有毒有害气体可能泄漏的作业场所，应配置必要的防毒护具，以备急用，并及时检查维修更换，保证其处在良好待用状态。电气操作人员应根据工作条件选用适当的安全电工用具和防护用品，电工用具应符合安全技术标准并定期检查，凡不符合技术标准要求的绝缘安全用具、登高作业安全工具、携带式电压和电流指示器以及检修中的临时接地线等，均不得使用。

二、安全控制要点

（一）一般脚手架安全控制要点

（1）脚手架搭设前应根据工程的特点和施工工艺要求确定搭设（包括拆除）施工方案。

（2）脚手架必须设置纵、横向扫地杆。

（3）高度在24m以下的单、双排脚手架均必须在外侧立面的两端各设置一道剪刀撑并应由底至顶连续设置中间各道剪刀撑。剪刀撑及横向斜撑搭设应随立杆、纵向和横向水平杆等同步搭设，各底层斜杆下端必须支承在垫块或垫板上。

（4）高度在24m以下的单、双排脚手架宜采用刚性连墙件与建筑物可靠连接，亦可采用拉筋和顶撑配合使用的附墙连接方式，严禁使用仅有拉筋的柔性连墙件。24m以上的双排脚手架必须采用刚性连墙件与建筑物可靠连接，连墙件必须采用可承受拉力和压力的构造。50m以下（含50m）脚手架连墙件，应按3步3跨进行布置，50m以上的脚手架连墙件应按2步3跨进行布置。

（二）一般脚手架检查与验收程序

脚手架的检查与验收应由项目经理组织项目施工、技术、安全，作业班组负责人等有关人员参加，按照技术规范、施工方案、技术交底等有关技术文件对脚手架进行分段验收，在确认符合要求后方可投入使用。

脚手架及其地基基础应在下列阶段进行检查和验收：

（1）基础完工后及脚手架搭设前。

（2）作业层上施加荷载前。

（3）每搭设完10~13m高度后。

（4）达到设计高度后。

（5）遇有六级及以上大风与大雨后。

（6）寒冷地区土层开冻后。

（7）停用超过一个月的，在重新投入使用之前。

（三）附着式升降脚手架、整体提升脚手架或爬架作业安全控制要点

附着式升降脚手架、整体提升脚手架或爬架作业要针对提升工艺和施工现场作业条件

编制专项施工方案，专项施工方案包括设计、施工、检查、维护和管理等全部内容。

安装搭设必须严格按照设计要求和规定程序进行，安装后经验收并进行荷载试验，确认符合设计要求后，方可正式使用。

进行提升和下降作业时，架上人员和材料的数量不得超过设计规定并尽可能减少。

升降前必须仔细检查附着连接和提升设备的状态是否良好，发现异常应及时查找原因并采取措施解决。

升降作业应统一指挥、协调动作。

在安装、升降、拆除作业时，应划定安全警戒范围并安排专人进行监护。

（四）洞口、临边防护控制

1. 洞口作业安全防护基本规定

（1）各种楼板与墙的洞口按其大小和性质应分别设置牢固的盖板、防护栏杆、安全网或其他防坠落的防护设施。

（2）坑槽、桩孔的上口柱形、条形等基础的上口以及天窗等处都要作为洞口采取符合规范的防护措施。

（3）楼梯口、楼梯口边应设置防护栏杆或者用正式工程的楼梯扶手代替临时防护栏杆。

（4）井口除设置固定的栅门外还应在电梯井内每隔两层不大于 10m 处设一道安全平网进行防护。

（5）在建工程的地面入口处和施工现场人员流动密集的通道上方应设置防护棚，防止因落物产生物体打击事故。

（6）施工现场大的坑槽、陡坡等处除须设置防护设施与安全警示标牌外，夜间还应设红灯示警。

2. 洞口的防护设施要求

（1）楼板、屋面和平台等面上短边尺寸小于 25cm 但大于 2. 5cm 的孔口必须用坚实的盖板盖严，盖板要有防止挪动移位的固定措施。

（2）楼板面等处边长为 25~50cm 的洞口、安装预制构件时的洞口以及因缺件临时形成的洞口可用竹、木等做盖板盖住洞口，盖板要保持四周搁置均衡并有固定其位置不发生挪动移位的措施。

（3）边长为 50~150cm 的洞口必须设置一层以扣件连接钢管而成的网格栅，并在其上满铺竹篱笆或脚手板，也可采用贯穿于混凝土板内的钢筋构成防护网栅、钢盘网格，间距不得大于 20cm。

（4）边长在 150cm 以上的洞口四周必须设防护栏杆，洞口下方设安全平网防护。

3. 施工用电安全控制

（1）施工现场临时用电设备在 5 台及以上或设备总容量在 50kW 及以上者应编制用电组织设计。临时用电设备在 5 台以下和设备总容量在 50kW 以下者应制定安全用电和电气防火措施。

（2）变压器中性点直接接地的低压电网临时用电工程必须采用 TN-S 接零保护系统。

（3）当施工现场与外线路共用同一供电系统时，电气设备的接地、接零保护应与原系统保持一致，不得一部分设备做保护接零，另一部分设备做保护接地。

（4）配电箱的设置。

①施工用电配电系统应设置总配电箱配电柜、分配电箱、开关箱，并按照“总→分→开”顺序做分级设置形成“三级配电”模式。

②施工用电配电系统各配电箱、开关箱的安装位置要合理。总配电箱配电柜要尽量靠近变压器或外电源处以便于电源的引入。分配电箱应尽量安装在用电设备或负荷相对集中区域的中心地带，确保三相负荷保持平衡。开关箱安装的位置应视现场情况和工况尽量靠近其控制的用电设备。

③为保证临时用电配电系统三相负荷平衡，施工现场的动力用电和照明用电应形成两个用电回路，动力配电箱与照明配电箱应该分别设置。

④施工现场所有用电设备必须有各自专用的开关箱。

⑤各级配电箱的箱体和内部设置必须符合安全规定，开关电器应标明用途，箱体应统一编号。停止使用的配电箱应切断电源，箱门上锁。固定式配电箱应设围栏并有防雨防砸措施。

（5）电器装置的选择与装配。

在开关箱中作为末级保护的漏电保护器，其额定漏电动作电流不应大于 30mA，额定漏电动作时间不应大于 0.1s。在潮湿、有腐蚀性介质的场所中，漏电保护器要选用防溅型的产品，其额定漏电动作电流不应大于 15mA，额定漏电动作时间不应大于 0.1s。

（6）施工现场照明用电。

①在坑、洞、井内作业，夜间施工或厂房、道路、仓库、办公室、食堂、宿舍、料具堆放场所及自然采光差的场所应设一般照明、局部照明或混合照明。一般场所宜选用额定

电压 220V 的照明器。

②隧道、人防工程、高温、有导电灰尘、比较潮湿或灯具离地面高度低于 2.5m 等场所的照明电源电压不得大于 36V。

③潮湿和易触及带电体场所的照明电源电压不得大于 24V。

④特别潮湿场所、导电良好的地面、锅炉或金属容器内的照明电源电压不得大于 12V。

⑤照明变压器必须使用双绕组型安全隔离变压器，严禁使用自耦变压器。

⑥室外 220V 灯具距地面不得低于 3m，室内 220V 灯具距地面不得低于 2.5m。

4. 垂直运输机械安全控制

（1）外用电梯安全控制要点

①外用电梯在安装和拆卸之前必须针对其类型特点说明书的技术要求，结合施工现场的实际情况制订详细的施工方案。

②外用电梯的安装和拆卸作业必须由取得相应资质的专业队伍进行安装，经验收合格取得政府相关主管部门核发的《准用证》后方可投入使用。

③外用电梯在大雨、大雾和六级及六级以上大风天气时应停止使用。暴风雨过后应组织对电梯各有关安全装置进行一次全面检查。

（2）塔式起重机安全控制要点

①塔吊在安装和拆卸之前必须针对类型特点说明书的技术要求结合作业条件制订详细的施工方案。

②塔吊的安装和拆卸作业必须由取得相应资质的专业队伍进行安装，经验收合格取得政府相关主管部门核发的《准用证》后方可投入使用。

③遇六级及六级以上大风等恶劣天气应停止作业将吊钩升起。行走式塔吊要夹好轨钳。当风力达十级以上时应在塔身结构上设置缆风绳或采取其他措施加以固定。

第四节　安全应急预案

应急预案，又称“应急计划”或“应急救援预案”，是针对可能发生的事故，为迅速、有序地开展应急行动、降低人员伤亡和经济损失而预先制订的有关计划或方案。它是在辨识和评估潜在重大危险、事故类型、发生的可能性、发生的过程、事故后果及影响严重程度的基础上，对应急机构职责、人员、技术、装备、设施、物资、救援行动及其指挥与协调方面预先做出的具体安排。应急预案明确了在事故发生前、事故发生过程中以及事故发生后，谁负责做什么、何时做、怎么做，以及相应的策略和资源准备等。

一、事故应急预案

为控制重大事故的发生，防止事故蔓延，有效地组织抢险和救援，政府和生产经营单位应对已初步认定的危险场所和部位进行风险分析。对认定的危险有害因素和重大危险源，应事先对事故后果进行模拟分析，预测重大事故发生后的状态、人员伤亡情况及设备破坏和损失程度，以及由于物料的泄漏可能引起的火灾、爆炸，有毒有害物质扩散对单位可能造成的影响。

依据预测，提前制订重大事故应急预案，组织、培训事故应急救援队伍，配备事故应急救援器材，以便在重大事故发生后，能及时按照预定方案进行救援，在最短时间内使事故得到有效控制。编制事故应急预案主要目的有以下两个方面：

第一，采取预防措施使事故控制在局部，消除蔓延条件，防止突发性重大或连锁事故发生。

第二，能在事故发生后迅速控制和处理事故，尽可能减轻事故对人员及财产的影响，保障人员生命和财产安全。

事故应急预案是事故应急救援体系的主要组成部分，是事故应急救援工作的核心内容之一，是及时、有序、有效地开展事故应急救援工作的重要保障。事故应急预案的作用体现在以下五个方面：

（1）事故应急预案确定了事故应急救援的范围和体系，使事故应急救援不再无据可依、无章可循，尤其是通过培训和演练，可以使应急人员熟悉自己的任务，具备完成指定任务所需的相应能力，并检验预案和行动程序，评估应急人员的整体协调性。

（2）事故应急预案有利于做出及时的应急响应，降低事故后果。应急行动对时间要求十分敏感，不允许有任何拖延。事故应急预案预先明确了应急各方的职责和响应程序，在应急救援等方面进行了先期准备，可以指导事故应急救援迅速、高效、有序地开展，将事故造成的人员伤亡、财产损失和环境破坏降到最低限度。

（3）事故应急预案是各类突发事故的应急基础。通过编制事故应急预案，可以对那些事先无法预料到的突发事故起到基本的应急指导作用，成为开展事故应急救援的“底线”。在此基础上，可以针对特定事故类别编制专项事故应急预案，并有针对性制定应急措施、进行专项应对准备和演习。

（4）事故应急预案建立了与上级单位和部门事故应急救援体系的衔接。通过编制事故应急预案可以确保当发生超过本级应急能力的重大事故时与有关应急机构的联系和协调。

（5）事故应急预案有利于提高风险防范意识。事故应急预案的编制、评审、发布、宣传、推演、教育和培训，有利于各方了解可能面临的重大事故及其相应的应急措施，有利于促进各方提高风险防范意识和能力。

二、应急预案的编制

事故应急预案的编制过程可分为四个步骤。

（一）成立事故预案编制小组

应急预案的成功编制需要有关职能部门和团体的积极参与，并达成一致意见，尤其是应寻求与危险直接相关的各方进行合作。成立事故应急预案编制小组是将各有关职能部门、各类专业技术有效结合起来的最佳方式，可有效地保证应急预案的准确性、完整性和实用性，而且为应急各方提供了一个非常重要的协作与交流机会，有利于统一应急各方的不同观点和意见。

（二）危险分析和应急能力评估

为了准确策划事故应急预案的编制目标和内容，应开展危险分析和应急能力评估工作。为有效开展此项工作，预案编制小组首先应进行初步的资料收集，包括相关法律法规、应急预案、技术标准、国内外同行业事故案例分析、本单位技术资料、重大危险源等。

1. 危险分析

危险分析是应急预案编制的基础和关键过程。在危险因素辨识分析、评价及事故隐患排查、治理的基础上，确定本区域或本单位可能发生事故的危险源、事故的类型、影响范围和后果等，并指出事故可能产生的次生、衍生事故，形成分析报告，分析结果作为应急预案的编制依据。危险分析主要内容为危险源的分析和危险度评估。危险源的分析主要包括有毒、有害、易燃、易爆物质的企事业单位的名称、地点、种类、数量、分布、产量、储存、危险度、以往事故发生情况和发生事故的诱发因素等。事故源潜在危险度的评估就是在对危险源进行全面调查的基础上，对企业单位的事故潜在危险度进行全面的科学评估，为确定目标单位危险度的等级找出科学的数据依据。

2. 应急能力评估

应急能力评估就是依据危险分析的结果，对应急资源的准备状况充分性和从事应急救援活动所具备的能力进行评估，以明确应急救援的需求和不足，为事故应急预案的编制奠定基础。应急能力包括应急资源（应急人员、应急设施、装备和物资）、应急人员的技术、经验和接受的培训等，它将直接影响应急行动的快速、有效性。制订应急预案时应当在评估与潜在危险相适应的应急能力的基础上，选择最现实、最有效的应急策略。

（三）应急预案编制

针对可能发生的事故，结合危险分析和应急能力评估结果等信息，按照应急预案的相关法律法规的要求编制应急救援预案。应急预案编制过程中，应注意编制人员的参与和培训，充分发挥他们各自的专业优势，使他们掌握危险分析和应急能力评估结果，明确应急预案的框架、应急过程行动重点以及应急衔接、联系要点等。同时编制的应急预案应充分利用社会应急资源，考虑与政府应急预案、上级主管单位以及相关部门的应急预案相衔接。

（四）应急预案的评审和发布

1. 应急预案的评审

为使预案切实可行、科学合理以及与实际情况相符，尤其是重点目标下的具体行动预案，编制前后需要组织有关部门、单位的专家、领导到现场进行实地勘察，如重点目标周围地形、环境、指挥所位置、分队行动路线、展开位置、人口疏散道路及疏散地域等实地勘察、实地确定。经过实地勘察修改预案后，应急预案编制单位或管理部门还要依据我国有关应急的方针、政策、法律、法规、规章、标准和其他有关应急预案编制的指南性文件与评审检查表，组织有关部门、单位的领导和专家进行评议，取得政府有关部门和应急机构的认可。

2. 应急预案的发布

事故应急救援预案经评审通过后，应由最高行政负责人签署发布，并报送有关部门和应急机构备案。预案经批准发布后，应组织落实预案中的各项工作，如开展应急预案宣传、教育和培训，落实应急资源并定期检查，组织开展应急演习和训练，建立电子化的应急预案，对应急预案实施动态管理与更新，并不断完善。

三、事故应急预案主要内容

一个完整的事故应急预案主要包括以下六个方面的内容：

（一）事故应急预案概况

事故应急预案概况主要描述生产经营单位状况以及危险特性状况等，同时对紧急情况下事故应急救援紧急事件、适用范围提供简述做必要说明，如明确应急方针与原则，作为开展应急的纲领。

（二）预防程序

预防程序是对潜在事故、可能的次生与衍生事故进行分析，并说明所采取的预防和控制事故的措施。

（三）准备程序

准备程序应说明应急行动前所须采取的准备工作，包括应急组织及其职责权限、应急队伍建设和人员培训、应急物资的准备、预案的演练、公众的应急知识培训、签订互助协议等。

（四）应急程序

在事故应急救援过程中，存在一些必需的核心功能和任务，如接警与通知、指挥与控制、警报和紧急公告、通信、事态监测与评估、警戒与治安、人群疏散与安置、医疗与卫生、公共关系、应急人员安全、消防和抢险、泄漏物控制等，无论何种应急过程都必须围绕上述功能和任务开展。应急程序主要指实施上述核心功能和任务的步骤。

1. 接警与通知

准确了解事故的性质和规模等初始信息是决定启动事故应急救援的关键。接警作为应急响应的第一步，必须对接警要求做出明确规定，保证迅速、准确地向报警人员询问事故现场的重要信息。接警人员接受报警后，应按预先确定的通报程序，迅速向有关应急机构、政府及上级部门发出事故通知，以采取相应的行动。

2. 指挥与控制

建立统一的应急指挥、协调和决策程序，便于对事故进行初始评估，确认紧急状态，从而迅速有效地进行应急响应决策，建立现场工作区域，确定重点保护区域和应急行动的优先原则，指挥和协调现场各救援队伍开展救援行动，合理高效地调配和使用应急资源等。

3. 警报和紧急公告

当事故可能影响到周边地区，对周边地区的公众可能造成威胁时，应及时启动警报系统，向公众发出警报，同时通过各种途径向公众发出紧急公告，告知事故性质、对健康的影响、自我保护措施、注意事项等，以保证公众能够及时做出自我保护响应。决定实施疏散时，应通过紧急公告确保公众了解疏散的有关信息，如疏散时间、路线、随身携带物、交通工具及目的地等。

4. 通信

通信是应急指挥、协调和与外界联系的重要保障，在现场指挥部、应急中心、各事故应急救援组织、新闻媒体、医院、上级政府和外部救援机构之间，必须建立完善的应急通信网络，在事故应急救援过程中应始终保持通信网络畅通，并设立备用通信系统。

5. 事态监测与评估

在事故应急救援过程中必须对事故的发展势态及影响及时进行动态的监测，建立对事故现场及场外的监测和评估程序。事态监测在事故应急救援中起着非常重要的决策支持作用，其结果不仅是控制事故现场，制定消防、抢险措施的重要决策依据，也是划分现场工作区域、保障现场应急人员安全、实施公众保护措施的重要依据。即使在现场恢复阶段，也应当对现场和环境进行监测。

6. 警戒与治安

为保障现场事故应急救援工作的顺利开展，在事故现场周围建立警戒区域，实施交通管制，维护现场治安秩序是十分必要的，其目的是要防止与救援无关人员进入事故现场，保障救援队伍、物资运输和人群疏散等的交通畅通，并避免发生不必要的伤亡。

7. 人群疏散与安置

人群疏散是防止人员伤亡扩大的关键，也是最彻底的应急响应。应当对疏散的紧急情况和决策、预防性疏散准备、疏散区域、疏散距离、疏散路线、疏散运输工具、避难场所以及回迁等做出细致的规定和准备，应考虑疏散人群的数量、所需要的时间、风向等环境变化以及老弱病残等特殊人群的疏散等问题。对已实施临时疏散的人群，要做好临时生活安置，保障水、电、卫生等基本条件。

8. 医疗与卫生

对受伤人员采取及时、有效的现场急救，合理转送医院进行治疗，是减少事故现场人员伤亡的关键。医疗人员必须了解工程建设主要的危险并经过培训，掌握对受伤人员进行正确消毒和治疗方法。

9. 公共关系

事故发生后，不可避免地引起新闻媒体和公众的关注。应将有关事故的信息、影响、救援工作的进展等情况及时向媒体和公众公布，以消除公众的恐慌心理，避免公众的猜疑和不满。应保证事故和救援信息的统一发布，明确事故应急救援过程中对媒体和公众的发言人和信息批准、发布的程序，避免信息的不一致性。同时，还应处理好公众的有关咨询，接待和安抚受害者家属。

10. 应急人员安全

水利水电工程施工安全事故的应急救援工作危险性极大，必须对应急人员自身的安全问题进行周密的考虑，包括安全预防措施、个体防护设备、现场安全监测等，明确紧急撤离应急人员的条件和程序，保证应急人员免受事故的伤害。

11. 抢险与救援

抢险与救援是事故应急救援工作的核心内容之一，其目的是为了尽快控制事故的发展，防止事故蔓延和进一步扩大，从而最终控制住事故，并积极营救事故现场的受害人员。尤其是涉及危险物质的泄漏、火灾事故，其消防和抢险工作的难度和危险性巨大，应对消防和抢险的器材和物资、人员的培训、方法和策略以及现场指挥等做好周密的安排和准备。

12. 危险物质控制

危险物质的泄漏或失控，将可能引发火灾、爆炸或中毒事故，对工人和设备等造成严重危险。而且，泄漏的危险物质以及夹带了有毒物质的灭火用水，都可能对环境造成重大影响，同时也会给现场救援工作带来更大的危险。因此，必须对危险物质进行及时有效的控制，如对泄漏物的围堵、收容和洗消，并进行妥善处置。

（五）恢复程序

恢复程序是说明事故现场应急行动结束后所须采取的清除和恢复行动。现场恢复是在事故被控制住后进行的短期恢复，从应急过程来说意味着事故应急救援工作的结束，并进入另一个工作阶段，即将现场恢复到一个基本稳定的状态。经验教训表明，在现场恢复的过程中往往仍存在潜在的危险，如余烬复燃、受损建筑物倒塌等，所以，应充分考虑现场恢复过程中的危险，制定恢复程序，防止事故再次发生。

（六）预案管理与评审改进

事故应急预案是事故应急救援工作的指导文件。应当对预案的制订、修改、更新、批准和发布做出明确的管理规定，保证定期或在应急演习、事故应急救援后对事故应急预案进行评审，针对各种变化的情况以及预案中所暴露出的缺陷，不断地完善事故应急预案体系。

四、应急预案的内容

应急预案可分为综合应急预案、专项应急预案和现场处置方案三个层次。

（一）综合应急预案

综合应急预案是应急预案体系的总纲，主要从总体上阐述事故的应急工作原则，包括应急组织机构及职责、应急预案体系、事故风险描述、预警及信息报告、应急响应、保障措施、应急预案管理等内容。

（二）专项应急预案

专项应急预案是为应对某一类型或某几种类型事故，或者针对重要生产设施、重大危险源、重大活动等内容而制订的应急预案。专项应急预案主要包括事故风险分析、应急指挥机构及职责、处置程序和措施等内容。

（三）现场处置

现场处置方案是根据不同事故类别，针对具体的场所、装置或设施所制定的应急处置措施，主要包括事故风险分析、应急工作职责、应急处置和注意事项等内容。水利水电工程参建各方应根据风险评估、岗位操作规程以及危险性控制措施，组织本单位现场作业人员及相关专业人员共同编制现场处置方案。

应急预案应形成体系，针对各级各类可能发生的事故和所有危险源制订专项应急预案和现场处置方案，并明确事前、事发、事中、事后各个过程中相关单位、部门和有关人员的职责。水利水电工程建设项目应根据现场情况，详细分析现场具体风险（如某处易发生滑坡事故），编制现场处置方案，主要由施工企业编制，监理单位审核，项目法人备案；分析工程现场的风险类型（如人身伤亡），编写专项应急预案，由监理单位与项目法人起草，相关领导审核，向各施工企业发布；综合分析现场风险，应急行动、措施和保障等基本要求和程序，编写综合应急预案，由项目法人编写，项目法人领导审批，向监理单位、施工企业发布。

由于综合应急预案是综述性文件，因此需要要素全面，而专项应急预案和现场处置方案要素重点在于制定具体救援措施，因此，对于单位概况等基本要素不做内容要求。

五、应急预案的编制步骤

预案的编制过程大致可分为下列六个步骤：

（一）成立预案编制工作组

水利水电工程参建各方应结合本单位实际情况，成立以主要负责人为组长的应急预案编制工作组，明确编制任务、职责分工，制订工作计划，组织开展应急预案编制工作。应急预案编制需要安全、工程技术、组织管理、医疗急救等各方面的知识，因此应急预案编制工作组是由各方面的专业人员或专家、预案制订和实施过程中所涉及或受影响的部门负责人及具体执行人员组成。必要时，编制工作组也可以邀请地方政府相关部门、水行政主管部门或流域管理机构代表作为成员。

（二）收集相关资料

收集应急预案编制所需的各种资料是一项非常重要的基础工作。掌握相关资料的多少、资料内容的详细程度和资料的可靠性将直接关系到应急预案编制工作是否能够顺利进行，以及能否编制出质量较高的事故应急预案。

需要收集的资料一般包括：

（1）适用的法律、法规和标准。

（2）本水利水电工程建设项目与国内外同类工程建设项目的事故资料及事故案例分析。

（3）施工区域布局，工艺流程布置，主要装置、设备、设施布置，施工区域主要建（构）筑物布置等。

（4）原材料、中间体、中间和最终产品的理化性质及危险特性。

（5）施工区域周边情况及地理、地质、水文、环境、自然灾害、气象资料。

（6）事故应急所需的各种资源情况。

（7）同类工程建设项目的应急预案。

（8）政府的相关应急预案。

（9）其他相关资料。

（三）风险评估

风险评估是编制应急预案的关键，所有应急预案都建立在风险分析基础之上。在危险因素分析、危险源辨识及事故隐患排查、治理的基础上，确定本水利水电工程建设项目的危险源、可能发生的事故类型和后果，进行事故风险分析，并指出事故可能产生的次生、衍生事故及后果，形成分析报告，分析结果将作为事故应急预案的编制依据。

（四）应急能力评估

应急能力评估就是依据危险分析的结果，对应急资源准备状况的充分性和从事应急救援活动所具备的能力评估，以明确应急救援的需求和不足，为应急预案的编制奠定基础。水利水电工程建设项目应针对可能发生的事故及事故抢险的需要，实事求是地评估本工程的应急装备、应急队伍等应急能力。对于事故应急所需但本工程尚不具备的应急能力，应采取切实有效措施予以弥补。

事故应急能力一般包括：

（1）应急人力资源（各级指挥员、应急队伍、应急专家等）。

（2）应急通信与信息能力。

（3）人员防护设备（呼吸器、防毒面具、防酸服、便携式一氧化碳报警器等）。

（4）消灭或控制事故发展的设备（消防器材等）。

（5）防止污染的设备、材料（中和剂等）。

（6）检测、监测设备。

（7）医疗救护机构与救护设备。

（8）应急运输与治安能力。

（9）其他应急能力。

（五）应急预案编制

在以上工作的基础上，针对本水利水电工程建设项目可能发生的事故，按照有关规定和要求，充分借鉴国内外同行业事故应急工作经验，编制应急预案。应急预案编制过程中，应注重编制人员的参与和培训，充分发挥他们各自的专业优势，告知其风险评估和应急能力评估结果，明确应急预案的框架、应急过程行动重点以及应急衔接、联系要点等。同时，应急预案应充分考虑和利用社会应急资源，并与地方政府、流域管理机构、水行政主管部门以及相关部门的应急预案相衔接。

（六）应急预案评审

应急预案编制完成后，应进行评审或者论证。内部评审由本单位主要负责人组织有关部门和人员进行；外部评审由本单位组织外部有关专家进行，并可邀请地方政府有关部门、水行政主管部门或流域管理机构有关人员参加。应急评审合格后，由本单位主要负责人签署发布，并按规定报有关部门备案。

水利水电工程建设项目应参照《生产经营单位生产安全事故应急预案评审指南（试行）》组织对应急预案进行评审。该指南给出了评审方法、评审程序和评审要点，附有应急预案形式评审表、综合应急预案要素评审表、专项应急预案要素评审表、现场处置方案要素评审表和应急预案附件要素评审表五个附件。

1. 评审方法

应急预案评审分为形式评审和要素评审，评审可采取符合、基本符合、不符合三种方式简单判定。对于基本符合和不符合的项目，应提出指导性意见或建议。

（1）形式评审

依据有关规定和要求，对应急预案的层次结构、内容格式、语言文字和制订过程等内容进行审查。形式评审的重点是应急预案的规范性和可读性。

（2）要素评审

依据有关规定和标准，从符合性、适用性、针对性、完整性、科学性、规范性和衔接性等方面对应急预案进行评审。要素评审包括关键要素和一般要素。为细化评审，可采用列表方式分别对应急预案的要素进行评审。评审应急预案时，将应急预案的要素内容与表中的评审内容及要求进行对应分析，判断是否符合表中要求，发现存在的问题及不足。

关键要素指应急预案构成要素中必须规范的内容。这些要素内容涉及水利水电工程建设项目参建各方日常应急管理及应急救援时的关键环节，如应急预案中的危险源与风险分析、组织机构及职责、信息报告与处置、应急响应程序与处置技术等要素。

一般要素指应急预案构成要素中简写或可省略的内容。这些要素内容不涉及参建各方日常应急管理及应急救援时的关键环节，而是预案构成的基本要素，如应急预案中的编制目的、编制依据、适用范围、工作原则、单位概况等要素。

2. 评审程序

应急预案编制完成后，应在广泛征求意见的基础上，采取会议评审的方式进行审查，会议审查规模和参加人员根据应急预案涉及范围和重要程度确定。

（1）评审准备

应急预案评审应做好下列准备工作：

①成立应急预案评审组，明确参加评审的单位或人员。

②通知参加评审的单位或人员具体评审时间。

③将被评审的应急预案在评审前送达参加评审的单位或人员。

（2）会议评审

会议评审可按照下列程序进行：

①介绍应急预案评审人员构成，推选会议评审组组长。

②应急预案编制单位或部门向评审人员介绍应急预案编制或修订情况。

③评审人员对应急预案进行讨论，提出修改和建设性意见。

④应急预案评审组根据会议讨论情况，提出会议评审意见。

⑤讨论通过会议评审意见，参加会议评审人员签字。

（3）意见处理

评审组组长负责对各位评审人员的意见进行协调和归纳，综合提出预案评审的结论性意见。按照评审意见，对应急预案存在的问题以及不合格项进行分析研究，并对应急预案进行修订或完善。反馈意见要求重新审查的，应按照要求重新组织审查。

3. 评审要点

应急预案评审应包括下列内容：

（1）符合性

应急预案的内容是否符合有关法规、标准和规范的要求。

（2）适用性

应急预案的内容及要求是否符合单位实际情况。

(3) 完整性

应急预案的要素是否符合评审表规定的要素。

(4) 针对性

应急预案是否针对可能发生的事故类别、重大危险源、重点岗位部位。

(5) 科学性

应急预案的组织体系、预防预警、信息报送、响应程序和处置方案是否合理。

(6) 规范性

应急预案的层次结构、内容格式、语言文字等是否简洁明了，便于阅读和理解。

(7) 衔接性

综合应急预案、专项应急预案、现场处置方案以及其他部门或单位预案是否衔接。

六、应急预案管理

(一) 应急预案备案

中央管理的企业综合应急预案和专项应急预案，报国务院国有资产监督管理部门、国务院安全生产监督管理部门和国务院有关主管部门备案；其所属单位的应急预案分别抄送所在地的省、自治区、直辖市或者设区的市人民政府安全生产监督管理部门和有关主管部门备案。

水利水电工程建设项目参建各方申请应急预案备案，应当提交下列材料：

(1) 应急预案备案申请表。

(2) 应急预案评审或者论证意见。

(3) 应急预案文本及电子文档。

受理备案登记的安全生产监督管理部门及有关主管部门应当对应急预案进行形式审查，经审查符合要求的，予以备案并出具应急预案备案登记表；不符合要求的，不予备案并说明理由。

(二) 应急预案宣传与培训

应急预案宣传和培训工作是保证预案贯彻实施的重要手段，是增强参建人员应急意识、提高事故防范能力的重要途径。

水利水电工程建设参建各方应采取不同方式开展安全生产应急管理知识和应急预案的

宣传和培训工作。对本单位负责应急管理工作的人员以及专职或兼职应急救援人员进行相应知识和专业技能培训，同时，加强对安全生产关键责任岗位员工的应急培训，使其掌握生产安全事故的紧急处置方法，增强自救互救和第一时间处置事故的能力。在此基础上，确保所有从业人员具备基本的应急技能，熟悉本单位应急预案，掌握本岗位事故防范与处置措施和应急处置程序，提高应急水平。

（三）应急预案演练

应急预案演练是应急准备的一个重要环节。通过演练，可以检验应急预案的可行性和应急反应的准备情况；通过演练，可以发现应急预案存在的问题，完善应急工作机制，提高应急反应能力；通过演练，可以锻炼队伍，提高应急队伍的作战能力，熟悉操作技能；通过演练，可以教育参建人员，增强其危机意识，提高安全生产工作的自觉性。为此，预案管理和相关规章中都应有对应急预案演练的要求。

（四）应急预案修订与更新

应急预案必须与工程规模、机构设置、人员安排、危险等级、管理效率及应急资源等状况相一致。随着时间推移，应急预案中包含的信息可能会发生变化。因此，为了不断完善和改进应急预案并保持预案的时效性，水利水电工程建设参建各方应根据本单位实际情况，及时更新和修订应急预案。

应就下列情况对应急预案进行定期和不定期的修改或修订：

（1）日常应急管理中发现预案的缺陷。

（2）训练或演练过程中发现预案的缺陷。

（3）实际应急过程中发现预案的缺陷。

（4）组织机构发生变化。

（5）原材料、生产工艺的危险性发生变化。

（6）施工区域范围发生变化。

（7）布局、消防设施等发生变化。

（8）人员及通信方式发生变化。

（9）有关法律法规标准发生变化。

（10）其他情况。

应急预案修订前，应组织对应急预案进行评估，以确定是否需要进行修订以及哪些内容需要修订。通过对应急预案更新与修订，可以保证应急预案的持续适应性。同时，更新的应急预案内容应通过有关负责人认可，并及时通告相关单位、部门和人员；修订的预案版本应经过相应的审批程序，并及时发布和备案。

参考文献

[1] 杜辉，张玉宾. 水利工程建设项目管理［M］. 延吉：延边大学出版社，2021.

[2] 潘运方，黄坚，吴卫红. 水利工程建设项目档案质量管理［M］. 北京：中国水利水电出版社，2021.

[3] 英爱文，章树安. 国家地下水监测工程水利部分项目建设与管理［M］. 郑州：黄河水利出版社，2021.

[4] 郑国旗. 水利建设项目监理从业人员培训教材 · 水利工程建设监理要务［M］. 北京：中国水利水电出版社，2021.

[5] 钱巍，于厚文. 高等职业教育水利类新形态一体化教材 · 水利工程建设监理［M］. 北京：中国水利水电出版社，2021.

[6] 李颖，张圣敏，关莉莉. 全国水利行业"十三五"规划教材 · 水利工程制图实训职业技术教育［M］. 郑州：黄河水利出版社，2021.

[7] 李永福，吕超，边瑞明. 普通高等院校 · 水利专业"十三五"规划教材 EPC 工程总承包组织管理［M］. 北京：中国建材工业出版社，2021.

[8] 赵静，盖海英，杨琳. 水利工程施工与生态环境［M］. 长春：吉林科学技术出版社，2021.

[9] 刘伊生. 2022 监理工程师学习丛书 · 建设工程合同管理［M］. 北京：中国建筑工业出版社，2021.

[10] 刘焕永，席景华，刘映泉. 水利水电工程移民安置规划与设计［M］. 北京：中国水利水电出版社，2021.

[11] 马德辉. 水利信息化建设理论与实践［M］. 天津：天津科学技术出版社，2021.

[12] 宋美芝，张灵军，张蕾. 水利工程建设与水利工程管理［M］. 长春：吉林科学技术出版社，2020.

[13] 张义. 水利工程建设与施工管理［M］. 长春：吉林科学技术出版社，2020.

[14] 束东. 水利工程建设项目施工单位安全员业务简明读本 [M]. 南京：河海大学出版社，2020.

[15] 林雪松，孙志强，付彦鹏. 水利工程在水土保持技术中的应用 [M]. 郑州：黄河水利出版社，2020.

[16] 曾光宇，王鸿武. 水利坚持节水优先强化水资源管理 [M]. 昆明：云南大学出版社，2020.

[17] 刘江波. 水资源水利工程建设 [M]. 长春：吉林科学技术出版社，2020.

[18] 周苗. 水利工程建设验收管理 [M]. 天津：天津大学出版社，2019.

[19] 王东升，苗兴皓. 水利水电工程建设从业人员安全培训丛书·水利水电工程安全生产管理 [M]. 北京：中国建筑工业出版社，2019.

[20] 刘明忠，田森，易柏生. 水利工程建设项目施工监理控制管理 [M]. 北京：中国水利水电出版社，2019.

[21] 陈超，牛国忠，赖德铭. 全国水利水电高职教研会规划教材·建设工程招投标与合同管理 [M]. 北京：中国水利水电出版社，2019.

[22] 刘春艳，郭涛. 水利工程与财务管理 [M]. 北京：北京理工大学出版社，2019.

[23] 姬志军，邓世顺. 水利工程与施工管理 [M]. 哈尔滨：哈尔滨地图出版社，2019.

[24] 许建贵，胡东亚，郭慧娟. 水利工程生态环境效应研究 [M]. 郑州：黄河水利出版社，2019.

[25] 袁俊周，郭磊，王春艳. 水利水电工程与管理研究 [M]. 郑州：黄河水利出版社，2019.

[26] 牛广伟. 水利工程施工技术与管理实践 [M]. 北京：现代出版社，2019.

[27] 马乐，沈建平，冯成志. 水利经济与路桥项目投资研究 [M]. 郑州：黄河水利出版社，2019.

[28] 邵东国. 农田水利工程投资效益分析与评价 [M]. 郑州：黄河水利出版社，2019.

[29] 沈韫，胡继红. 建设工程概论 [M]. 合肥：安徽大学出版社，2019.

[30] 孙祥鹏，廖华春. 大型水利工程建设项目管理系统研究与实践 [M]. 郑州：黄河水利出版社，2019.